LE TRÉSOR DU CULTIVATEUR.

LE TRÉSOR DU CULTIVATEUR,

OU

Le Moyen d'augmenter les richesses du Laboureur, en améliorant la culture des terres, et plusieurs branches précieuses d'Économie rurale; mis à la portée et pour servir à l'instruction des Habitans des campagnes;

PUBLIÉ

Sur l'invitation du Conseil d'Agriculture, près le Ministère de l'Intérieur.

« Les dons de la terre sont les
» seuls biens inépuisables, et tout
» fleurit dans un État où fleurit
» l'agriculture. » SULLY.

Par A. LEMERCIER, CULTIVATEUR.

Prix : 1 franc 25 cent.

PARIS,

DE L'IMPRIMERIE D'ANTHe. BOUCHER,

SUCCESSEUR DE L.-G. MICHAUD,

RUE DES BONS-ENFANTS, N°. 34.

M. DCCC. XIX.

AVANT-PROPOS.

Dialogue entre un bon cultivateur et un pauvre fermier, pour servir d'introduction.

LE FERMIER.

Je viens vous prier de me rendre un service. Votre réputation de bon laboureur m'a inspiré l'idée de venir puiser ici vos utiles leçons, si vous voulez le permettre.

LE CULTIVATEUR.

C'est de bien bon cœur, mon ami, que je vous ferai part du peu que je sais.

LE FERMIER.

Je vous remercie ; j'en profiterai. J'aime mieux vos préceptes, voyez-vous, que tous les savants discours de ces fameux économistes qui ne connaissent les travaux de la campagne que de nom, et qui veulent les enseigner. Mettez ces beaux Messieurs-là à la tête d'une exploitation rurale; ils seront bientôt ruinés.

LE CULTIVATEUR.

Ce que vous dites-là n'est que trop vrai; et c'est à mon avis une des principales causes qui ont empêché l'amélioration de l'agriculture. Il ne suffit pas d'être savant pour être cultivateur, il faut des connaissances appuyées d'une pratique bien exercée et d'une longue expérience. Mais venons au fait, que desirez-vous?

LE FERMIER.

Je vous prie de me dire comment vous faites pour obtenir d'abondantes récoltes en toutes sortes de productions; comment vous pouvez avoir de si beaux et si nombreux troupeaux, et comment vous les gouvernez; enfin comment vous vous y prenez pour être riche et heureux?

LE CULTIVATEUR.

Cela demande des détails dans lesquels je me ferai un plaisir d'entrer pour vous être utile; mais il faut mettre de l'ordre dans notre dialogue, et prendre les choses d'un peu loin.

LE FERMIER.

Je vous entends : c'est à moi de vous faire des questions suivies; je vais commencer par celle-ci : par exemple, qu'est-ce que la terre?

LE CULTIVATEUR.

Vous avez parfaitement saisi mon idée. La terre est le dépôt de toutes les productions qui servent à satisfaire nos besoins physiques.

LE FERMIER.

Comment se procure-t-on ces productions?

LE CULTIVATEUR.

En pratiquant l'art qu'on nomme agriculture.

LE FERMIER.

En quoi consiste cet art?

LE CULTIVATEUR.

A faire rendre à la terre, en la rendant fertile, la plus grande quantité possible de ses productions.

LE FERMIER.

Alors l'agriculture est donc le premier et le plus utile de tous les arts.

LE CULTIVATEUR.

Sans contredit; il est le premier, puisqu'il tire son origine de nos premiers besoins; et le plus utile, puisqu'il nous nourrit, et qu'il fournit à tous les autres arts les matières qu'ils emploient.

LE FERMIER.

Y a-t-il des principes certains, des

méthodes générales pour rendre la terre fertile ?

LE CULTIVATEUR.

Les principes certains, applicables partout avec succès, sont le bien *fumer* et le bien *labourer*; ensuite ajoutez l'application d'une culture convenable à chaque climat, à chaque espèce ou nature de terrain, vous aurez, je crois, tout le secret de la fertilisation.

LE FERMIER.

Comment, l'agriculture est renfermée dans trois principes bien simples ? A quoi servent donc les nombreux volumes qui en traitent ?

LE CULTIVATEUR.

La plupart des ouvrages dont vous voulez parler sont instructifs et très intéressants, mais malheureusement ils sont peu lus par ceux qui pratiquent l'art dont ils traitent, par la raison que les cultivateurs n'ont ni assez de temps à donner à la lecture d'un long ouvrage, ni assez d'argent souvent pour en faire l'acquisition. Il est pourtant fâcheux que de bonnes idées et d'excellentes méthodes soient perdues pour les habitants des campagnes qui ne peuvent se les procurer.

LE FERMIER.

Ne peut-on pas simplifier et abréger ces trop savants ouvrages, pour en faire une instruction facile et à la portée des laboureurs?

LE CULTIVATEUR.

Vous me faites naître une bonne idée : écoutez, vous allez m'interroger sur tout ce que vous desirez savoir pour améliorer votre ferme, pour bien gouverner vos bestiaux, pour tirer le meilleur parti possible de votre exploitation, en suivant les meilleurs principes de l'économie rurale; moi, je ferai en sorte de répondre à vos questions d'une manière claire et précise, et de ce petit dialogue on pourra en faire un petit livre élémentaire pour servir à l'instruction des habitants des campagnes.

LE FERMIER.

Votre idée est excellente, je vous prédis d'avance qu'elle produira d'heureux résultats.

LE CULTIVATEUR.

En effet, j'espère que ce petit ouvrage ne pourra manquer d'être accueilli par tous ceux qui desirent augmenter leur fortune, c'est pourquoi je lui donnerai le titre de *Trésor du Cultivateur.* Je diviserai mes instructions en chapitres ou leçons, et je terminerai par un Tableau comparatif de deux fermes administrées différemment, l'une suivant l'ancienne routine, et l'autre suivant les principes contenus dans ce petit livre. Enfin, je donnerai la recette de quelques procédés économiques, utiles et curieux.

LE TRÉSOR
DU CULTIVATEUR,

OU

Le Moyen d'augmenter les richesses du Laboureur, en améliorant la culture des terres, et plusieurs branches de l'Économie rurale; mis à la portée et pour servir à l'instruction des Habitants des campagnes.

LEÇON PREMIÈRE.

Des Principes généraux d'amélioration, et des connaissances nécessaires pour être bon cultivateur.

D. — Qu'entendez-vous par amélioration de l'agriculture?

R. — Améliorer, c'est fertiliser une

terre stérile ; rendre les terres médiocres bonnes, et les bonnes encore plus fertiles : pour obtenir ces heureux résultats, les moyens sont bien simples ; tout le secret se borne à trois grands principes généraux, qui sont : engraisser, ameublir et donner à la terre une culture appropriée à sa nature et à sa qualité.

D.—Qu'est-ce qu'engraisser ou fumer?

R. — C'est donner à la terre, par le moyen des fumiers, des sels dont les plantes ont besoin pour croître, et qui s'épuisent plus ou moins, suivant la nature plus ou moins épuisante des végétaux qu'on a cultivés.

D.—Et ameublir ?

R. — C'est diviser la terre par très petites parties, au moyen des labours ; de sorte que les racines des plantes puissent s'étendre avec facilité, et que le soleil, les rosées, les pluies pénètrent facilement jusqu'à elles, ces trois agents étant indispensablement nécessaires à la végétation.

D. — Et donner à la terre une culture appropriée à sa nature et à sa qualité ?

R.—C'est appliquer une culture propre au climat, à la connaissance bien approfondie de l'espèce de terre qu'on veut cultiver. Est-elle sèche ou humide de sa nature? Est-elle propre enfin à produire telle ou telle plante? Il ne faudrait pas, par exemple, dans une terre maigre et sablonneuse s'aviser d'y semer du froment, et dans une terre mouilleuse ou trop humide d'y vouloir faire prospérer de la luzerne, enfin on ne pourrait faire croître et produire des oliviers en Normandie, et des pommiers en Provence, etc.

D. — Malgré la simplicité des principes généraux de l'agriculture, il paraît qu'il faut encore beaucoup de connaissances pour être un bon cultivateur?

R. — Il faut surtout beaucoup de pratique et d'expérience.

D. — Quelles sont les principales connaissances et les qualités nécessaires que doit posseder un cultivateur?

R. — Il doit connaître et savoir distinguer les differentes qualités de terre, pour leur donner des amendements et une culture convenables.

Il doit savoir diviser ses assolements de manière qu'en alternant les productions, et sachant faire un choix bien entendu des végétaux, la totalité de ses terres soit toujours en rapport et ne se reposent jamais, sans cependant se fatiguer. (Je vous démontrerai cette possibilité quand nous parlerons des assolements.)

Il faut qu'il sache gouverner parfaitement toutes sortes de bestiaux, parce qu'il est essentiel d'en avoir beaucoup, non seulement à cause des profits considérables qu'ils donnent, mais afin de pouvoir se procurer beaucoup d'engrais, sans lesquels on ne peut avoir d'abondantes récoltes.

Il faut enfin être économe et instruit, vigilant et sage, actif et soigneux.

IIe. LEÇON.

Sur les différentes qualités de terres; comment il faut corriger leurs défauts en les améliorant; des fumiers marnes et autres engrais.

D.—Comment distinguez-vous les différentes qualités de terres?

R. — Les terres se divisent ordinairement en quatre qualités principales: 1°. les bonnes terres franches, végétales jusqu'à une grande profondeur, si fertiles, si faciles à travailler. Cette espèce de terre est ordinairement de couleur noire, douce comme le sable; en la mettant dans la bouche elle n'a aucun goût, mais elle pique légèrement la langue, suivant qu'elle contient plus ou moins de sels propres à la végétation. 2°. Les argilleuses et glaiseuses ; elles sont fortes, compactes et froides, toujours très difficiles à labourer. Ces espèces de terres ont des caractères trop bien marqués pour qu'on ne sache les distinguer facilement ; si l'on en prend avec les doigts elle s'y attache, et en marchant sur ces sortes de terres après une petite pluie, on lève avec les pieds toute la superficie qui s'y attache. La couleur est ou rouge plus ou moins foncé, ou jaune plus ou moins tirant sur le brun, âcre au goût. 3°. Les mélangées d'argile avec du sable, ou de glaise avec du gravier, ayant plus ou moins des défauts du genre qui domine. 4°. Les sablonneuses, graveleuses, caillouteuses, légères, blanches, crayonneuses, arides, toutes brûlantes, faciles à travailler, mais peu productives.

Dans ces quatre qualités principales, vous devez sentir qu'il y a une infinité de nuances différentes qu'il serait trop long de détailler; mais avec un peu d'intelligence on distingue facilement par le seul examen des plantes naturelles qui dominent dans une terre, à quelle classe elle appartient; si elle est froide, humide, sèche, brûlante, bonne ou mauvaise enfin, et à quelle culture elles sont propres. En général, toutes les terres sont susceptibles de produire du grain, en les améliorant par des engrais analogues à leurs qualités, ou plutôt en opposition avec leurs défauts.

D. — Comment corrigez-vous les défauts d'une terre, et quels sont les engrais convenables à chacune d'elle?

R. — La première espèce, féconde en toutes productions, peut recevoir indistinctement toutes sortes d'engrais ; il en faut peu ; je crois même que, moyennant une culture bien ordonnée, des assolements bien entendus, elle pourrait s'en passer.

La seconde espèce, assez productive quand le temps a été favorable aux labours, peut s'améliorer en la couvrant d'une couche de sable commun, et en la fumant avec des fumiers de cheval ou de mouton non consommés, ou bien avec de la marne pure et sablonneuse. Ces deux premières qualités produisent du froment, du trèfle, de la luzerne quand le fond n'est pas humide ou froid, et toutes sortes de racines et légumes.

La troisième espèce, moins bonne que les deux autres, s'améliorera avec des engrais en opposition avec ses défauts dominants, et surtout avec la marne. Ces sortes de terres produisent du froment ; je vous conseille cependant d'y mêler toujours un tiers de seigle.

La quatrième enfin, peu fertile, pourrait devenir bonne si l'on y conduisait des terres grasses, fortes, des curures d'étangs, de fossés, des fumiers de vache ou de mouton bien gras, bien pourris, et de la marne pesante et glaiseuse, et non pure et légère. Il y a beaucoup de ces terres sablonneuses qui, lorsqu'elles ne sont pas trop brûlantes, produisent de très beau seigle, peuvent donner d'assez bonnes récoltes de trèfles, sont très favorables à la culture des pommes de terre, des haricots, etc.; le sainfoin surtout prospère et donne de bons produits dans les terres maigres, légères et graveleuses.

D. — De tous les engrais connus, quel est celui que vous préférez?

R. — C'est sans contredit les fumiers des animaux, parce qu'ils contiennent en plus grande quantité les vertus fécondantes, et qu'ils les conservent plus longtemps.

D. — N'y a-t-il pas des soins à observer pour avoir toujours d'excellent fumier?

R. — Sans doute, et ce moyen est simple, le voici : faites creuser autour de l'emplacement de votre fumier (ce qui doit être non loin des étables), un fossé où se rendront toutes les urines des étables et toutes les eaux de la cour; avec ces eaux arrosez votre fumier avec une pelle à bateau, tous les jours, plutôt deux fois qu'une, surtout dans l'été. Si dans le pays que vous habitez la chaux n'est pas chère, je vous conseille d'en saupoudrer une petite couche sur chaque couche alternative de fumier: cela fait merveille. Non seulement la chaux contient beaucoup de sels favorables à la végétation, mais en s'éteignant quand on arrose le fumier, la partie ignée brûle les insectes et détruit tous les germes des mauvaises herbes qui s'y trouvent. L'expérience a prouvé que du fumier ainsi soigné produisait les meilleurs effets, qu'il contenait plus de graisse et de sels que les fumiers mal soignés, et qu'il n'avait pas l'inconvénient d'engendrer autant de mauvaises herbes si préjudiciables aux récoltes. Ces considérations essentielles doivent engager tous les cultivateurs à suivre avec exactitude ce procédé, trop négligé jusqu'alors.

D.—Après le fumier, vous donnez sûrement le second rang à la marne parmi les engrais efficaces?

R.—Oui, il y en a même qui lui donnent le premier rang, pourvu que l'espèce en soit bien appliquée.

D.—Vous distinguez donc plusieurs espèces de marne?

R.—Il y en a trois. La première est la pure; elle est légère et moelleuse. La seconde est la glaiseuse, elle est pesante et compacte, et la troisième est la sablonneuse.

Chacune s'applique avec succès, comme je l'ai déja dit, à l'espèce de terre qui lui est opposée.

D.—Comment distingue-t-on les marnes en général des argiles?

R.—On les distingue facilement des argiles en ce que toute marne travaille dans l'eau, qu'elle s'y dissout ainsi qu'à l'air et au soleil, en ce qu'elle fermente dans le vinaigre, et pétille dans le feu.

D.—N'y a-t-il pas d'autres engrais?

R.—Oui sans doute, il y en a une infinité

d'autres excellents, tels sont les cendres, la chaux, le plâtre, tous les trois si favorables aux prairies naturelles et artificielles.

Dans le voisinage de la mer, le *varec* ou *vrac*, qu'on doit avoir soin de faire bien pourrir avec les fumiers de basse-cours. La tangue de mer, qui est une espèce de sable marin que les laboureurs des côtes emploient. Ils en distinguent quatre espèces ; vous avez ensuite le sel marin.

Les curures de mares, d'étangs, de fossés, les boues des chemins, des rues, etc., toutes ces terres mises en un tas et laissées ainsi un an, sont d'excellents engrais.

On tire encore des végétaux un engrais assez bon, mais il est dispendieux; il faut semer sur un labour des pois, des vesces, des lupins, etc. Lorsque ces plantes sont en fleur, on les enterre par le moyen d'un labour; ces plantes étant bien consommées et mêlées avec la terre par d'autres labours, fournissent des graisses et des sels, mais en petite quantité, et de bien moindre durée que les fumiers des animaux. Le parcage des troupeaux est encore un bon engrais. (Voyez la 6me. leçon, art. Bêtes à laine.)

IIIe. LEÇON.

Des Assolements les plus avantageux; leur division et les plantes qu'on doit cultiver alternativement pour ne pas épuiser la fécondité de la terre, et cependant qu'elle soit toujours en rapport.

D.—Qu'entendez-vous par assolement?

R.—On entend par assolement ou soles, la division des terres d'une ferme; cette division se fait ordinairement en trois soles dans les pays où les jachères sont observées: sole de blé, sole de mars, ou menus grains, et jachères.

D.—Qu'appelez-vous jachères?

R.—C'est l'année de repos des terres; pendant cette année elles ne rapportent rien; on les laboure pour les disposer à recevoir du blé l'année suivante. Le produit du tiers des terres étant porté à zéro tous les ans, il n'est pas étonnant que, dans les pays où ce funeste système est suivi, tous les laboureurs soient peu riches.

D.—Est-ce qu'il y a des pays où l'on ne fait pas de jachères?

R.—Sans doute, tous les pays bien cultivés ne savent pas ce que c'est. Ils n'imaginent pas comment on peut être assez dupe pour ne rien retirer d'une terre dont on paye le fermage, qu'on travaille avec beaucoup de frais; parce que la routine a dit qu'il fallait que cette terre se reposât. La terre se reposer! comme si elle pouvait se fatiguer! Mais ouvrez donc les yeux aveugles routiniers, et vous verrez qu'elle n'est pas si lasse que vous le supposez. Examinez vos guérets après une pluie; si vous êtes quelque temps sans relabourer, ils seront bientôt couverts de verdure; cette terre ne semble-t-elle pas vous reprocher de n'avoir pas su profiter de son activité et de sa bonne volonté.

D.—Cette réflexion me paraît très juste. Cependant je ne suis pas convaincu que l'on puisse faire produire du blé dans une terre plusieurs années de suite sans la faire reposer.

R. — Gardez-vous-en bien ; il ne faut même pas faire succéder à du froment ou du seigle, de l'orge ou de l'avoine comme vous avez coutume de faire, vous, et tous ceux qui cultivent mal. Vous appauvrissez votre terrain, et vous vous ruinez.

D. — Comment faut-il donc faire ? ou je ne vous entends pas, ou vous vous expliquez mal : d'abord vous dites que l'on se ruine à laisser un tiers de ses terres en repos ; si l'on s'avise d'y mettre seulement deux années de suite du grain, vous vous récriez qu'on appauvrit sa terre, et qu'on se ruine encore. Comment faut-il donc faire ?

R. — Ah! nous y voilà; il faut savoir diviser ses soles et alterner si bien les productions que vous confierez à la terre, que, sans la fatiguer, sans altérer sa fécondité, elle vous donne tous les ans des récoltes abondantes.

D.—Expliquez-moi cela, s'il vous plaît. Qu'entendez-vous par alterner?

R. — Alterner, c'est faire succéder alternativement une plante d'une nature différente à la précédente; de sorte qu'une même espèce, un même genre, ne soient cultivés dans la même terre qu'après que d'autres espèces et d'autres genres de plantes y auront été aussi cultivés. Je vais me rendre plus clair : écoutez-moi avec attention.

Toutes les plantes se divisent en deux classes à l'égard de leurs racines; racines traçantes et racines pivotantes; la première prend sa subsistance sur la superficie du terrain, comme vous le voyez aux graminées, qui ont une infinité de petites racines fibreuses.

D.—Qu'appelez-vous graminées?

R. —Les graminées, ou gramens, sont un genre de plante dont il y a beaucoup d'espèces: le froment, le seigle, l'avoine, l'orge, le maïs, etc., sont des graminées; toutes les plantes de ce genre sucent avec avidité tous les sels de la terre et l'épuisent

La seconde, au contraire, qui est la racine pivotante, n'ayant qu'un seul jet ou pivot qui s'enfonce fort avant dans la terre, n'en tire presque rien, et par ses feuilles larges, sa tige rampante, semble plutôt tirer sa nourriture de l'air que de la terre. Telles sont les légumineuses, espèce et famille très nombreuse, de laquelle sont les pois, fèves, haricots, lentilles, vesces, gesses, etc., etc.; ensuite un grand nombre de fourrages artificiels, comme la luzerne, le sainfoin, le trèfle, sont encore du genre des légumineuses. Quand vous avez récolté du blé dans une pièce de terre, au lieu d'y faire succéder comme vous faites ordinairement de l'avoine qui suce encore la terre, ou de l'orge qui l'épuise davantage, cultivez-y une plante à racine pivotante; choisissez l'espèce qui réussira le mieux dans votre pays, suivant la qualité de votre terrain, et suivant vos débouchés, vos besoins et le service de votre exploitation. On peut cultiver encore entre deux blés le chanvre, le lin, le colzat, l'oeillet, la navette, des choux, des carotes, des betteraves, et une infinité d'autres plantes suivant l'usage du pays. Je vous conseille, par exemple, la vesce, les pois gris, les lupins, etc., parce que ces plantes par la multitude de leurs tiges et de leurs feuilles couvrent la terre d'un salutaire ombrage, et étouffent toutes les plantes qui voudraient croître avec elles. Ce bon effet s'aperçoit quand on les fauche, la terre se trouve nette et meuble comme de la cendre. La vesce, fauchée en fleur, est un excellent fourrage qui convient à toutes sortes d'animaux. Après la vesce, le printemps suivant vous semez de l'orge ou de l'avoine, je vous conseille alors de semer avec ces graminées de la graine de trèfle, si toutefois le terrain y est favorable. L'année suivante vous aurez sans frais de culture deux bonnes récoltes de trèfle pour fourrage vert ou sec, et vous pourrez l'automne suivant, sur un seul labour, semer du blé qui viendra très beau. Dans les terres à seigle, au lieu de semer avec les mars, du trèfle, mettez-y du sainfoin à deux coupes dit Bourgogne, pourvu toutefois que les terres ne soient pas humides, car dans ce cas il faudrait y mettre du trèfle. Pour me rendre encore plus clair, je vais faire le tableau de la culture alternative d'une pièce de terre pendant cinq années sans repos.

Tableau de Rotation alternative de culture. — Bonne terre à froment.

1re. année. — Fumier et labours pour y planter pommes de terre, haricots, betteraves champêtres, etc., qui nécessiteront des binages, lesquels serviront à préparer et nettoyer le terrain pour semer après les récoltes, sur un seul labour, du froment. Si les binages semblaient trop dispendieux pour une grande exploitation, semez des pois gris ou autres, des vesces, etc.

2me. année. — Récolte de blé. Si le temps est favorable on peut donner de suite un léger labour pour y semer des gros navets qu'on récolte en octobre; au printemps suivant, semez après un bon labour, vesce d'été ou autres légumineuses.

3me. année. — Récolte de vesce d'été fauchée en fleur pour fourrage, ou gardée en graine, ou récoltes d'autres légumineuses; ou des plantes à faire de l'huile.

4me. année. — Récolte d'orge ou avoine semées en mars; en faisant ces semailles vous sèmerez comme je l'ai déja dit de la graine de trèfle. (Voyez l'instruction sur les prairies artificielles à son article.)

5me. année. — Deux récoltes de trèfle, soit pour faire manger en vert, soit pour fourrage sec. Aussitôt après la seconde coupe, donnez un léger labour, puis un meilleur à la fin de septembre pour semer du blé.

Après cette récolte de blé, recommencez par les fumiers et les labours, une seconde rotation en diversifiant les productions, parce que cette diversité plaît infiniment à la terre.

D. — Je commence à comprendre l'avantage de votre méthode dans les bons fonds, mais dans les terres médiocres comme les sablonneuses, maigres, arides, graveleuses, comme elles n'ont pas assez de vigueur pour produire tous les ans, vous laissez donc reposer celles-là ?

R.—Pas davantage que les autres, et moins s'il est possible.

D.—Pourquoi cela ?

R.—La raison est simple : plus une terre est sèche, plus il est convenable de la couvrir d'un rafraîchissant ombrage; d'ailleurs il est bien constant que c'est la culture qui améliore les terres, il faut donc cultiver sans cesse celles qui ont le plus besoin d'être améliorées : on sait combien le sainfoin bonifie la qualité des terres, Hé bien, à la cinquième année de culture alternative je laisse ma pièce de terre en sainfoin pendant cinq années. On doit sentir l'avantage de mes assolements; je récolte beaucoup de fourrage; je puis nourrir un grand nombre de bestiaux, je fais par conséquent beaucoup de fumier, je puis donc fumer mes prairies artificielles deux fois pendant les cinq ans que je les laisse en cette nature. Cet engrais joint à la vertu améliorante du sainfoin contribue puissamment a engraisser le sol et à le rendre fertile.

A l'égard de l'assolement de ces terres pendant les cinq années de culture, on peut suivre la marche indiquée au tableau ci-dessus, avec cette différence que vous mettez du seigle au lieu de froment, et que vous pouvez remplacer le trèfle par de la lupuline, espèce de petite luzerne bisannuelle, qui vient très bien dans les terrains médiocres; pour les autres plantes intercallaires, c'est-à-dire que vous pouvez cultiver entre deux récoltes de blé, vous choisissez celle qui peut le mieux convenir à la nature de votre terrain, aux lieux et aux besoins que vous avez, suivant les circonstances. Suivez toujours cette observation de rigueur : que ce soit une racine pivotante qui succède à une racine traçante, et une racine traçante à une racine pivotante.

La pomme de terre peut entrer dans tous les assolements possibles, elle produit beaucoup, nettoie et prépare admirablement les terres pour une sole de graminées quelconques; mais il faut toujours fumer le terrain, soit en labourant, soit en plantant les pommes de terres, cette dépense n'est jamais perdue.

En voilà assez de dit sur cet article pour vous faire sentir comme cette méthode d'assolements est sagement combinée, et comme elle est appuyée sur de bons principes. Vous nettoyez vos terres, vous les amendez, vous ne les fatiguez jamais, malgré qu'elles produisent toujours, et il en résulte épargne de labours, abondantes récoltes, et par conséquent bénéfices très considérables. Après vous avoir donné cette petite instruction, si vous persistiez à suivre votre ancienne routine, votre obstination et votre entêtement, vous rendraient bien coupable!

Je vous engage cependant, ainsi que ceux qui pourraient être séduits par ma méthode, de ne pas trop vous précipiter pour l'adopter en grand. Faites des essais sur une pièce de terre, et si vous réussissez amenez-y successivement toutes les autres en observant ce qui suit:

1°. Par ces nouveaux assolements vous aurez une grande abondance de fourrage; il faudra augmenter progressivement le nombre de vos bestiaux.

2°. Combiner le partage et la distribution de vos soles.

3°. Déterminer l'ordre de celles que vous mettrez en telle culture telle année, celles que vous laisserez en prairies artificielles, etc.

4°. Chercher l'espèce de production qui vous paraîtra la plus avantageuse suivant les localités; enfin ne rien jeter au hasard, et s'appuyer toujours (je le répéterai souvent) de l'expérience; car elle est la mère des succès.

D. — Me voilà bien persuadé et bien pénétré des avantages de vos nouveaux assolements, et de la suppression des jachères. J'avoue qu'il a fallu toute ma confiance en vous pour me soumettre à une

égoutter les eaux, et empêchent les terres d'être trop humides.

Il faut au contraire labourer en larges planches, ou tout-à-fait à plat, les terres au travers desquelles l'eau filtre aisément; enfin, labourer en travers sur une colline, et non pas de haut en bas.

Quand on laboure en sillons, leur direction n'est pas indifférente, il est essentiel de les aligner toujours du septentrion au midi, et non de l'orient à l'occident, parce que ceux qui sont dans cette dernière disposition ne présentent en hiver qu'un seul côté au soleil qui le dégèle en partie; la nuit suivante il regèle, le soleil le dégèle encore quand il reparaît; de sorte que cette opération alternative fait périr le blé qui se trouve du côté du midi, et diminue la récolte de près de moitié.

Le but principal des labours est de diviser la terre en très petites parties, pour faciliter l'introduction de l'eau, des rosées, des rayons du soleil, des sels de l'air, tous agents favorables à la végétation; il est donc utile de faire passer la herse et le rouleau après chaque labour, pour briser les grosses mottes de terres, et en diviser toutes les molécules. C'est le seul moyen d'obtenir le but desiré, qui est de faire arriver facilement à la racine des plantes les sucs nourriciers dont elles ont besoin pour croître.

Un autre effet bienfaisant que produisent les labours, c'est de détruire les mauvaises herbes, si préjudiciables à la culture des blés surtout.

Il faut toujours donner pour les blés de mars, orge, avoine, deux labours; un avant l'hiver, l'autre pour semer. Pour les grains qui se sèment en automne, on ne peut en donner moins de trois, si l'on fait jachères, et deux suffisent quand les terres sont cultivées par la nouvelle méthode d'assolements. Dans une terre légère, sur un trèfle renversé, on peut semer du blé sur un seul labour, parce que le trèfle a la propriété de diviser avec ses racines les molécules de la terre, mieux que n'aurait pu faire un instrument aratoire; ce qui fait que quelques cultivateurs se plaignent qu'il rend les terres *creuses.*

D. — Quelles charrues sont les plus favorables aux labours en général ?

R. — Prenez donc pour maxime qu'on ne peut rien généraliser en agriculture ; tout doit être relatif aux localités : une charrue à large soc ne pourra pas vous servir dans une terre pierreuse ; il faut pour labourer dans ces sortes de terres, un soc dit à *langue de bœuf.* Les fortes charrues à versoir et à tourne-oreille sont bonnes dans des terres fortes, qu'on veut labourer à plat ou en planches, et la charrue à sillonner ne sert que pour les sables, etc. ; de sorte que dans une ferme bien montée, il faut, pour cultiver suivant les bons principes, autant de sortes de charrues que vous avez de qualités de terres différentes.

Pour défricher les prairies artificielles ou autres terres incultes, je vous conseille de vous servir d'une espèce de *râteau-charrue*, qui est bien commode pour cela, en ce qu'elle coupe le gazon en très petites parties. Elle est très simple; en voici la description : Imaginez-vous un très gros râteau qui, au lieu de dents, a six couteaux de trois pouces de longueur, et espacés de trois pouces; adaptez à ce corps de râteau des bancins ou mancheriaux, pour contenir et diriger, et une flèche ou âge pour être adaptée, comme les autres charrues, à un avant-train ordinaire. Il faut que les petits coutres ou couteaux soient bien tranchants et disposés dans une inclinaison, la pointe en avant, comme les coutres ordinaires; on peut faire tirer cette espèce de râteau-charrue par un seul cheval. Quand on a coupé le gazon d'une pièce par bandes, du midi au septentrion, par exemple, on passe de l'orient à l'occident, de manière que lorsque vous labourez ensuite avec une charrue ordinaire, vous trouvez le gazon coupé par petits carrés de trois pouces, votre terre se divise parfaitement, et vous épargnez beaucoup de travail, de temps et de peine.

D. — Quels sont les animaux qu'on emploie avec le plus d'avantage pour labourer les terres?

R. — Cela dépend encore de l'usage des lieux ; les chevaux et les bœufs, suivant que l'une ou l'autre espèce est plus ou moins commune dans le pays : les chevaux accélèrent davantage le travail ; mais ils demandent plus d'attirail et de harnois, consomment davantage, soutiennent moins le travail et sont sujets à plus de maladies que les bœufs. Enfin, lorsque le cheval est vieux il perd absolument sa valeur, au lieu que le bœuf étant poussé à l'engrais, augmente de prix. Tous ces avantages sont assez considérables pour préférer la culture avec les bœufs ; mais, je le répète, il faut consulter les localités, et faire en cela comme en toute amélioration agricole, ne jamais s'enticher d'un système qui peut paraître séduisant au premier abord, et derrière les avantages duquel il y a des inconvénients très graves qu'on n'avait pas aperçus. S'appuyer de petits essais me paraît prudent et sage ; ce n'est qu'en tâtonnant qu'on trouve la vérité. Les plus utiles entreprises, les plus sages conceptions n'ont dû souvent leur chute qu'à une trop imprudente précipitation.

Ve. LEÇON.

Sur le gouvernement des bestiaux, comprenant les vaches laitières, les veaux, les bœufs, les chevaux.

D. — Vous m'avez fait sentir l'importance des bestiaux pour l'amélioration de la culture des terres, par rapport à l'engrais qu'ils fournissent, voulez-vous me donner quelques instructions pour les bien gouverner afin qu'ils prospèrent ?

R. — Bien volontiers.

D. — Je vous demanderai d'abord quelques détails sur les chevaux, les bœufs, et particulièrement sur les vaches laitières ?

R. — Il y a beaucoup à dire sur le cheval; cet animal rend de si grands services à l'homme! Son éducation serait trop longue à vous détailler; je me bornerai à vous dire qu'en général tous les chevaux veulent être bien nourris, bien soignés et entretenus proprement. Il faut toujours leur donner du fourrage et de l'avoine de première qualité; cette dernière doit leur être épargnée lorsqu'ils ne travaillent pas : le pansement de main est de la dernière importance; car un cheval qui n'est pas tenu proprement ne peut profiter de la nourriture, quelle que bonne et abondante que vous lui donniez. Il est nécessaire encore de régler la nourriture de vos chevaux, ils s'en porteront mieux : la ration doit être en rapport avec leurs forces, leur taille et le travail qu'ils font.

Tout ce que je viens de dire peut être appliqué également aux bœufs de trait.

Je m'étendrai davantage sur les soins à donner aux vaches-laitières; car on ne peut se dissimuler que les profits qu'on a lieu d'en attendre tiennent aux soins qu'on leur donne, et que plus ils seront multipliés, plus les profits seront grands.

Les attentions générales à avoir pour les vaches, sont : 1°. dans leur nourriture et leur boisson ; 2°. dans le pansement, la disposition des étables, leur entretien, etc. Il en est de particuliers qui concernent leur conception, ou le moment où elles deviennnent en chasse; le temps de la plénitude, celui du vêlage; enfin l'éducation des veaux, ou la manière de les élever, etc.

A l'égard de leur nourriture, il est essentiel de donner aux vaches laitières une nourriture abondante, mais surtout de bonne qualité ; car un fourrage vicié est plus préjudiciable que profitable à ces animaux.

La nourriture est de deux sortes, verte ou sèche ; on donne la première à l'étable, ou on la laisse paître : dans le premier cas on doit avoir attention de n'en donner que peu à-la-fois ; on évite par ce moyen beaucoup d'accidents, ou qu'elles en fassent perdre beaucoup, et qu'elles s'en dégoûtent tout-à-fait. En leur donnant peu d'aliments à-la-fois, elles le mangent avec plus d'appétit, le broient mieux, ce qui leur procure une digestion plus facile et plus prompte; de sorte que la santé, l'embonpoint et l'abondance du lait sont toujours la suite et le résultat de cette excellente méthode.

Il est inutile de décrire toutes les plantes qui peuvent être données en vert aux vaches ; tous les cultivateurs connaissent bien celles qui leur sont propres ; toutes les herbes cultivées en prairies artificielles, et une foule d'autres ; toutes les racines, comme raves, navets, carottes, betteraves, pommes de terre, etc., leur conviennent beaucoup. Lorsqu'on donne des racines aux vaches, il est nécessaire de les hacher, pour ne pas les exposer à être étranglées ou suffoquées. On les coupe facilement et d'une manière très simple et très expéditive. Beaucoup d'économistes ont imaginé des moulins qui sont, quoiqu'ils en disent, trop compliqués, et par conséquent trop dispendieux. Voici comme je fais : j'ai une espèce d'auge que tout le monde peut faire avec trois grosses planches clouées fortement, et deux petites pour fermer les deux bouts ; on met dans cette auge des racines, et avec une bonne

sont celles qui sont exposées au Levant et placées sur un sol sec et élevé; non seulement la plupart des étables sont trop basses, mais on s'attache encore à les tenir fermées trop exactement : il n'est peut-être pas de pratique aussi funeste. On doit regarder comme malsaine faute d'air, les étables où l'on respire difficilement en y entrant, et lorsqu'elles exhalent une odeur urineuse pénétrante. Pour obvier à cet inconvénient, je conseille à ceux qui ont des étables trop basses, de faire pratiquer près de terre, une espèce de lucarne grillée qui servirait de ventilateur. On l'ouvre et on la ferme à volonté suivant les degrés de la température. Il faut aussi avoir attention de faire sortir vos vaches tous les jours, pour les promener et leur faire prendre l'air : cela entretient leur santé, leur donne de l'appétit, et les désennuie.

Voilà ensuite les attentions particulières: lorsque vous faites des élèves, ne faites jamais couvrir vos génisses avant leur quinzième mois, si vous voulez les avoir belles et mieux développées; on doit profiter pour leur donner le taureau, quand la chaleur est bien marquée; ce qu'on reconnaît généralement, par ces signes, à toutes les vaches, à un mugissement presque continuel, au retroussement de leur queue, à leur agitation, au gonflement des parties génitales, et à l'humeur blanchâtre et gluante qui en découle.

Quand les vaches sont pleines, elles demandent des soins particuliers, surtout quand elles approchent du moment du vélage; elles doivent être alors nourries plus abondamment qu'à l'ordinaire.

On doit cesser de les traire à la fin du septième mois, veiller à ce qu'elles ne se battent entr'elles au pâturage et à ce qu'elles ne sautent les fossés, etc., pour empêcher qu'elles n'avortent

Quand le vélage est très prochain, ce qu'on reconnaît au gonflement du pis et à sa dureté, à l'abaissement des flancs et de la croupe, on veillera la vache pour être présent au vélage, pour lui prodiguer des secours, s'il était trop laborieux.

Faites une bonne litière, garantissez

l'étable d'un air trop froid : quand la vache fait des efforts, et lorsque le veau paraît, tirez-le doucement, pour aider la mère.

En général, le bon état des vaches pendant la plénitude est le présage heureux d'une facile délivrance.

Aussitôt après que la vache aura mis bas, présentez-lui son veau que vous saupoudrez de son mêlé de sel pour le faire bien lécher ; et comme la soif est une disposition assez ordinaire de son état, donnez-lui de l'eau tiède dans laquelle vous aurez délayé quelques poignées de farine, et, d'heure en heure, continuez de donner cette boisson.

Lorsque les vaches sont faibles et restent trop long-temps à se délivrer, on fera bien de leur donner une rôtie, soit au vin, au cidre ou au poiré. A l'un ou l'autre de ce liquide, mêlez égale quantité d'eau : par exemple, trois pintes de vin, autant d'eau, et deux livres de pain rôti bien émietté : continuez ce breuvage tout le temps que la bête paraîtra faible.

au lieu de téter, le sevrage insensible et graduel sera plus facile; parce que tous les jours vous pourrez, en diminuant la quantité du lait, ajouter en place de l'eau dans laquelle il faut toujours faire bouillir du son ou de la farine d'orge : on passe dans les premiers temps cette eau par un gros linge, et petit à petit mettez moins de lait et davantage de cette eau : on peut leur donner encore du lait écrémé, du lait de beurre, etc.

Enfin il est constamment essentiel, pour avoir de beaux veaux, de faire saillir vos vaches par de beaux taureaux; comme il est nécessaire que les mères soient de belle et bonne race. Une bonne vache ne coûte guère plus à nourrir qu'une mauvaise, et cette dernière donne trois fois moins de profit. C'est donc une mauvaise spéculation de nourrir des vaches chétives, comme il y en a dans plusieurs départements.

D. — Mais il serait impossible dans ces départements, de pouvoir élever et nourrir de belles vaches; les herbages sont si peu abondants, de si mauvaise qualité!

R. — Il est bien vrai que si l'on ne fait

rien pour corriger les défauts d'un sol ingrat, il ne pourra jamais s'améliorer de lui-même ; j'ai cependant fait suffisamment sentir que partout, avec de sages améliorations, on pouvait faire succéder l'abondance à la stérilité ; et certes la suppression des jachères, la culture des prairies artificielles, sont les moyens les plus efficaces pour opérer cet heureux changement; car avec beaucoup de fourrage vous pourrez élever un grand nombre de bestiaux, lesquels vous donneront des profits considérables, s'ils sont bien nourris, bien soignés ; ajoutez à cela qu'ils fourniront une grande quantité d'engrais : et vous savez qu'avec beaucoup d'engrais, il n'y a pas de mauvaises terres.

D. — Cette vérité est incontestable ; je sens si bien la force de vos raisonnements que je veux adopter tous vos principes, et la culture des prairies artificielles me semble d'une si grande nécessité pour l'amélioration des terres, que je vous prierai, après m'avoir instruit sur le gouvernement de tous les bestiaux, de me donner quelque petite instruction sur cet objet important.

R. — Bien volontiers; je vais continuer la manière de gouverner les bestiaux : je me suis beaucoup étendu sur les vaches, parce que vous avez paru le desirer; et puis je pense que la base d'une bonne ferme est une bonne vacherie. Je vais maintenant vous parler des bêtes à laine et des chèvres.

VIe. LEÇON.

Des Bêtes à laine et des Chèvres.

Il serait bien difficile, quoiqu'on puisse dire d'améliorant sur la manière de gouverner les bêtes à laine, de faire adopter d'autres principes que les habitudes qu'on a toujours pratiquées dans un pays. L'aveugle, la fatale routine prévaudra longtemps sur des principes consacrés par la raison, dans l'esprit des personnes qui ne voudront pas se donner la peine de raisonner. Par exemple, dans plusieurs départements, on a la mauvaise méthode de fermer si hermétiquement les bergeries pendant l'hiver, qu'on est suffoqué en y entrant ; le corps des animaux en sueur, la chaleur du fumier, exhalent une odeur si pénétrante qu'elle serait capable d'étouffer. Quel danger pour les brebis ou moutons, de les faire sortir de cette espèce d'étuve pour les exposer subitement à l'air froid ! On doit sentir que leur sueur, vivement arrêtée, doit leur occasionner des maladies mortelles ; il ne faut du moins qu'un peu de bon sens pour apercevoir cette vérité : hé bien, on calfeutre toujours les bergeries dans les cantons où l'on a cette habitude, et l'on suivra encore longtemps cette meurtrière méthode dans le Berry ; j'en parle savamment, étant de ce pays ; et l'on s'étonne dans ces pays quand il arrive une mortalité qui enlève la moitié, les trois-quarts de leurs troupeaux ! ils ne voient pas que c'est leur faute.

Logez donc vos bêtes à laine dans des [illegible]ables bien aérées, vous qui voulez les [illegible] en bonne santé ! Choisissez un berger bien entendu, vigilant et doux ; qu'il sache faire le choix du pâturage ; qu'il évite les terrains humides, les herbes chargées de rosées, de gelées blanches ; que durant l'ardeur du soleil il mette son troupeau à l'ombre, et qu'il ne le fasse jamais sortir ni pendant l'orage, ni pendant les pluies ou brouillards ; enfin, la beauté d'un troupeau dépend des soins qu'on en a.

Je ne conseille pas plutôt une espèce qu'une autre, toutes seront productives, relativement aux localités, si l'on en a soin, si on les nourrit convenablement, et si on a un berger qui sache son état.

Je n'entrerai dans aucun détail sur leurs maladies ; je crois convenable d'ailleurs d'appeler dans ce cas un homme de l'art : votre devoir à vous doit se borner à éviter, par des attentions et des soins, d'en avoir rarement besoin.

Je recommanderai seulement, comme un préservatif de beaucoup de maladies, l'emploi du sel marin ou sel de cuisine ; il faut surtout en faire usage à l'e printemps, époque où l'herbe est trop aqueuse. On doit le leur distribuer dans des espèces d'auges, ou seulement sur des planches, à la quantité d'une once par tête. Le sel est profitable non seulement aux bêtes à laine, mais encore à tous les bestiaux. On en fait un salutaire usage dans toute l'Amérique septentrionale, et les Espagnols le prodiguent surtout à leurs troupeaux de mérinos. Ne sommes-nous pas bien coupables de ne pas suivre un si bon exemple!

D. — J'ai entendu vanter, comme très avantageux, les troupeaux de mérinos, ou bêtes à laine d'Espagne?

R. — Les avantages qu'ils procurent sont si grands, que tous les cultivateurs devraient s'empresser de transformer progressivement leurs bêtes à laine communes en un troupeau de mérinos.

D. — Comment cela s'opère-t-il?

R. — Je vais vous le démontrer. Si vous avez, je suppose, cent brebis communes, achetez, pour les croiser, le nombre suffisant de béliers-mérinos de pure race, et en même temps quelques femelles pures, comme huit, six, soit même quatre; votre troupeau, dans les premières années, sera composé de deux classes de bêtes : 1°. des mâles et femelles, produits par les béliers et brebis de race pure; 2°. des mâles et des femelles mêlés, provenant de béliers-mérinos et de brebis communes. Vous aurez soin de châtrer tous les mâles métis, afin de les vendre en état de mouton. Vous vous déferez aussi des femelles, mais successivement, en commençant par les communes et les métisses des premiers degrés, suivant que le nombre des brebis de race pure s'accroîtra. Vous choisissez pour vos montes les plus beaux béliers venant de vos béliers et brebis purs; vous vendez les autres. Lorsque vous aurez cent brebis pures dans votre troupeau, il n'existera plus aucune brebis métisse. Vous devez arriver à ce résultat au bout de onze ou douze ans, si vous ne commencez qu'avec quatre femelles pure race.

D. — Quels soins particuliers demandent ces animaux?

R. — Comme les autres bêtes à laine, il ne faut pas les laisser pâturer dans les lieux trop mouillés; ils se plaisent beaucoup dans les terrains montueux, et dans ceux qui, quoique en plaine, sont secs, crayeux, sablonneux. Il leur faut, par exemple, une nourriture plus abondante qu'aux bêtes communes ou de petite race. Il faut donc faire des provisions de fourrage pour l'hiver, en conséquence du nombre de vos troupeaux. On leur distribue du son ou de l'avoine, dans des auges pratiquées pour cela dans les bergeries, et l'on a soin aussi de les faire boire tous les jours.

D. — Comment doit être construite la bergerie?

R. — Les bergeries doivent être construites en général de manière que l'air y circule librement, et qu'on n'éprouve en y entrant ni froid, ni chaleur, ni odeur forte, urineuse et de suint; les râteliers doivent être assez droits pour que le fourrage ne tombe point sur la tête et le cou de l'animal, et assez inclinés cependant pour qu'il descende facilement ; les mangeoires ou auges sont en forme triangulaire, et doivent être mobiles, pour les transporter à volonté, ainsi que les râteliers.

D. — A quelle époque doit-on tondre les bêtes à laine ?

R. — On les tond assez généralement partout, du 1er. mai au 1er. juin ; plus tôt dans les départements méridionaux et plus tard dans ceux du nord, et les agneaux dans le mois de juillet.

D. — Quel est le temps de l'accouplement ?

R. — Il varie suivant le climat et les dispositions particulières, depuis le mois d'août jusqu'en novembre. Les brebis portent cinq mois ; un bon bélier peut suffire à cinquante brebis, mais il faut le bien nourrir séparément, et vers le temps de l'accouplement lui donner une nourriture plus abondante, et surtout échauffante, comme de l'avoine dans laquelle on mêle un peu de graine de chanvre. On observe le même régime à une brebis quand on veut hâter sa chaleur ; il est très bien aussi de lui faire boire de l'eau salée.

D.—Quand la brebis est prête à agneler, que doit-on observer, et quels soins doit-on en avoir après, ainsi que de son petit agneau ?

R. — Quand la brebis veut agneler, on doit la veiller pour l'aider en cas que l'agneau ne vienne pas bien. Quand l'agneau est né, il faut le mettre sur ses jambes, et lui présenter la tette de la mère, et les tenir enfermés ensemble pendant quatre jours, dans un lieu où ils soient chaudement; nourrir la brebis de bon foin, de son mêlé de sel, de feuilles d'orme, de luzerne, de saimfoin, etc., et avoir soin de lui donner à boire ; ensuite on la mène au champ avec le troupeau, et on laisse son petit enfermé dans la bergerie jusqu'à ce qu'il ait pris assez de force; alors quand il bondira, on le fera sortir par un beau temps pour téter sa mère qu'il reconnaît toujours, malgré le nombre des autres brebis, ou plutôt la mère connaît son petit sans jamais se tromper. Plus tard, quand les agneaux sont plus forts et que le temps est chaud, et surtout point humide, on le mènera paître non loin de la maison, on observera de ne jamais les faire marcher que très doucement; c'est une observation de rigueur à laquelle un berger bien entendu fait le plus d'attention pour les mères, ainsi que pour les moutons.

D. — Le parcage des moutons est-il faforable à la santé de ces animaux, autant qu'il est bienfaisant aux terres sur lesquelles on parque?

R.—Comme il est reconnu que les bêtes à laine prospèrent mieux dans des bergeries bien aérées que dans les bergeries fermées, et mieux encore sous des hangars, un parc peut leur servir de logement sans danger; d'ailleurs on ne parque ordinairement que pendant la belle saison, c'est-à-dire depuis le mois de mai jusqu'à la Toussaint.

D. — Comment se fait le parc?

R. — Le parc se fait avec des espèces de claies dans le genre des râteliers; on en fait un carré grand en proportion du troupeau qu'on veut y mettre. Ces sortes de barrières s'attachent avec des cordes à des pieux qui sont fichés en terre de distance en distance; à côté et hors du parc, est une cabane roulante pour coucher le berger. On met quelquefois deux parcs à côté l'un de l'autre; alors un des côtés du premier sert de cloison à l'autre. On change tous les jours le troupeau de place, afin de fumer davantage de terre. Un parc de cent moutons peut amender tous les ans huit ou dix arpents de terre. Il suffit de renouveler cet amendement tous les cinq à six ans. Cent moutons engraissent donc alternativement soixante arpents de terre, sans qu'il soit jamais nécessaire d'y conduire aucun amendement. L'application du parc est surtout bienfaisante aux terres froides. J'insiste beaucoup pour que tous les cultivateurs fassent parquer leurs troupeaux : cet usage est salutaire aux animaux; et, comme je l'ai dit, très fertilisant.

Chèvres.

Si vous habitiez un pays montagneux, ou éloigné des forêts et des haies vives, je vous conseillerais d'élever un troupeau de chèvres; ces animaux coûtent peu à nourrir et rapportent beaucoup : toute nourriture verte ou sèche leur est bonne; elles aiment beaucoup les feuillées : ce sont des branches d'orme, de châtaigniers, de frêne, de mûrier, etc., qu'on coupe au mois de septembre, qu'on met en petits fagots, qu'on fait sécher, et qu'on serre à l'abri de la pluie pour faire manger l'hiver aux chèvres et aux brebis, qui en sont très friandes. C'est une erreur de croire que les chèvres peuvent se passer de boire, au contraire, il ne faut jamais manquer de leur en donner soir et matin. La rosée, qui ne vaut rien aux bêtes à laine, est très salutaire aux chèvres; on peut donc les mener paître de grand matin. Comme il est plus avantageux d'élever les chevreaux que de les vendre petits, je conseille cependant de n'en laisser qu'un à la mère, qui l'allaitera seulement pendant un mois. Il serait mieux que le chevrier prît soin d'habituer les petits à boire, comme j'ai dit à l'égard des veaux : les mêmes raisons sont pour les uns comme pour les autres.

Un bouc suffit à cent-cinquante chèvres, mais il le faut bien nourrir pendant le temps de l'accouplement ; il faut surtout lui donner de l'avoine.

Quand on veut engraisser des chevreaux mâles, il faut les châtrer à six mois ; ils deviennent alors plus forts, la chair est de meilleur goût et plus délicate.

Le sainfoin donne beaucoup de lait aux chèvres. En général, si vous voulez que ces animaux vous donnent du profit, donnez-leur une bonne nourriture, et assez abondante. Il faut surtout les tenir proprement, dans des étables saines, point humides ; les nettoyer chaque jour, leur donner de la litière, en hiver seulement, car l'été elles peuvent s'en passer.

Comme ces animaux craignent beaucoup le froid, il faudra les tenir assez chaudement pendant l'hiver, et surtout pendant qu'elles chevrotent.

VIIe. LEÇON.

Des animaux de basse cour.

D. — Maintenant, voulez-vous me dire quelque chose concernant les animaux de basse-cour ?

R.—Avec plaisir. Je commencerai par les cochons ; ces animaux peuvent être d'un très grand produit, si l'on a en vue d'en faire une spéculation. Les truies doivent être choisies de belle taille, le ventre large, les tétins longs et nombreux ; car elles font communément autant de petits qu'elles ont de longs tétins ; elles donnent deux ventrées par an ; il faut les faire souer, c'est-à-dire leur donner le mâle quand la chaleur est bien marquée, ce qu'on reconnaît quand elles se vautrent continuellement dans la boue.

Quand elle est pleine, et lorsqu'elle a cochonné, il faut lui donner une nourriture plus abondante et plus nourrissante.

On ne doit laisser à une truie que huit ou neuf petits à nourrir ; ils en seront plus beaux et la mère en vaudra mieux.

A l'égard de la manière d'élever les petits cochons, il faut, quinze jours après qu'ils sont nés, les mener aux champs, et leur donner, soir et matin, de l'eau blanchie avec du son de froment ou de la farine d'orge ; on les sèvre entièrement au bout de deux mois, et on les châtre à tout âge : cependant, plus tôt cette opération est faite, moins elle est dangereuse. Il faut toujours choisir pour la faire, une température douce, parce que les chaleurs vives et les froids rigoureux rendraient la guérison de la plaie difficile.

Je ne parlerai pas de la nourriture qui convient à ces animaux, tout le monde sait de quoi ils vivent ; le gland, les grains de toutes espèces, les pommes de terre, le son, les choux, les racines de diverses sortes, etc., sont des aliments qu'ils aiment beaucoup, et avec quoi on les engraisse ordinairement. Ils aiment aussi beaucoup le trèfle vert ; c'est une assez bonne méthode de mettre une truie aves ses petits dans une pièce de trèfle. Mais il ne faut pas leur abandonner la pièce entière, ils la gâteraient toute, et pourraient se faire du mal: ayez pour cela un petit parc qu'on change de place lorsqu'il n'y a plus rien à manger à la place qu'il occupe ; il faut aussi leur passer un petit anneau de fer dans le bout du nez, pour les empêcher de fouiller la terre. Il faut avoir sein surtout de leur fournir à boire dans le parc; sans cela ils ne profiteraient pas.

L'éducation de ces animaux me paraissant une branche de l'économie champêtre assez importante, je vais entrer dans quelques détails sur l'évaluation des profits qu'on peut en retirer.

Je prends pour terme moyen dix truies, qui me feront à chaque portée huit petits chacune; les dix me donneront donc quatre-vingts petits cochons, et en deux ventrées cent soixante; s'ils sont vendus à cinq ou six mois seulement 20 fr. pièce, cela fera un total de 3200 fr.; il y a là-dessus à prélever leur nourriture, celle de leur mère, les frais de porcher, etc., que j'estime à 1700 fr., il resterait donc un bénéfice net de 1500 fr.; cela me paraît très beau et mérite attention. Et quel profit plus considérable n'aurez-vous pas, si votre exploitation vous offre des ressources pour les garder plus long-temps, pour les engraisser à peu de frais ; si vous avez des bois, par exemple, dans une année abondante en glands, vous quintuplerez vos bénéfices.

Voyez cependant si je ne me trompe pas : faites des essais ; l'expérience vaudra mieux pour vous que mon opinion, et quoique je ne parle que d'après cette expérience que j'invoque pour vous éclairer, je vous dirai toujours, essayez.

Je vais encore, d'après ma propre conviction, vous démontrer comme, en économie rurale, la plus petite spéculation peut devenir importante quand elle est bien administrée (1).

La volaille, par exemple, n'est comptée

(1) Il est bien vrai de dire que ce n'est pas sur le pro-

pour rien dans bien des pays ; ces minces profits sont abandonnés aux femmes pour leur procurer quelques chiffons, à elles et à leurs enfants. Ils ne savent pas dans ces pays pauvres que, dans ceux de bonne culture, les profits des basses-cours payent ordinairement le prix des fermages. Il est vrai qu'on entend par profits de basse-cour, les cochons, le beurre, les fromages, qu'on joint aux volailles, aux œufs, pigeons, etc.

Examinons ce que peut produire seulement la volaille, en œufs, en élèves, nous examinerons ensuite le profit d'un colombier. Je ne vais vous parler que d'après mes essais.

De la Volaille.

Je commence par les poules : 300 poules, par exemple, me donneront pendant neuf mois, 100 œufs par jour ; je les mets communément à 3 fr. 50 c. le cent, ils ne

---

duit de ses terres que le cultivateur doit bénéficier le plus ; mais bien principalement sur sa basse-cour.

valent jamais moins de 6 sous la douzaine, et on les voit plus souvent à 10 ou 12. Mes 300 poules ne me coûtent guère que 30 sols par jour; voilà comme je le prouve: je n'ai jamais donné à mes poules plus de deux litres d'avoine par jour en deux repas pour vingt-cinq têtes, c'est donc huit litres pour cent, et vingt-quatre litres pour mes trois cents poules; mettez vingt-cinq litres à cause des coqs, cela fera deux décalitres et demi: le prix moyen de l'avoine est de 12 sous le décalitre, cela fera 1 fr. 50 c. les deux décalitres et demi; somme que me coûteront mes trois cents poules. Elles me donnent en œufs 3 fr. 50 c., reste donc un bénéfice journalier de 2 fr. Otez trois mois sans aucun produit, j'aurai par an 415 francs. J'établis pour les poussins que j'éleverai avec mes poules, un bénéfice qu'on ne peut évaluer moins de 185 fr. Total du produit de trois cents poules, 600 francs (1).

(1) Ce n'est que d'après des essais réitérés pendant nombre d'années, que j'établis mon évaluation des pro-

Mais pour parvenir à d'aussi heureux résultats, il faut des soins et attentions comme à tout ce qu'on veut qui prospère.

Voici donc ce qu'il faut observer : il ne faut pas garder de poules plus âgées que deux ans, parce que les jeunes pondent davantage que les vieilles; vous engraissez celles-ci pour les vendre à la fin de leur seconde année. Il faut entretenir dans une extrême propreté les paniers où elles pondent, les juchoirs, et balayer tous les jours le poulailler. Avoir soin de leur donner deux fois par jour, aux mêmes heures, leurs repas. Tenir toujours de l'eau très claire dans les vases ou auges à cela destinés, et dans l'été surtout changer cette eau souvent. Veiller à ce que les belettes, fouines, où autres animaux destructeurs, ne s'introduisent dans le poulailler, en tenir la porte toujours bien fermée à clef et ramasser tous les jours les œufs, etc.

---

duits; mais, comme je l'observe, il faut des soins, des attentions très minutieuses. On n'a rien sans cela.

Pour élever des petits poulets, on ne donnera d'oeufs à couver qu'aux poules les moins farouches, ou plutôt il vaudrait mieux élever pour cela des poules-dindes ; quand les poussins sont nouveau nés, il faut les tenir chaudement, et leur éviter surtout les pluies froides et les averses. A l'égard de leur nourriture, tout le monde sait ce qui leur convient ; d'ailleurs ces petits animaux ne sont pas très difficiles à élever. Il n'en est pas de même des dindons : n'étant pas naturels de notre climat, il faut des soins particuliers pour les acclimater ; on sent que puisqu'ils sont originaires d'un pays chaud, la première attention est de les tenir, pendant leur plus tendre jeunesse, dans une température chaude, et ne les faire sortir que par un beau soleil, et à l'abri des vents roux. Il faut leur donner une nourriture échauffante ; du chenevis pilé, du fenouil et des orties hachés, le tout mêlé avec du petit son de froment, ou de grosse recoupe, et délayé avec un peu d'eau tiède en forme de pâtée : voilà la nourriture qui convient à ces petits animaux. Quelques personnes leur font avaler de temps en temps quelques grains de poivre ; il faut à mesure qu'ils grandissent leur retrancher de cette pâtée délicate pour les accoutumer insensiblement à une nourriture plus grossière, mais toujours avoir soin de leur en donner souvent de la plus fraîche faite, et ne pas les laisser souffrir de la soif. Je crois que cinquante mères poules-dindes pourraient donner un produit net de neuf cents francs au moins : ci . . . . 900 fr.

Les oies et canards offrent encore un profit bien clair, mais il faut, pour élever ces oiseaux, être voisin d'une rivière ou pièce d'eau. Les oies sont très préjudiciables, et font un grand dégât dans les herbages ; si l'on veut en élever beaucoup, il faut enclore une pièce de terre ou un pré adjacent à une petite rivière ou grande pièce d'eau, de manière que les oies soient renfermées là comme dans un petit parc, et qu'elles ne puissent en sortir d'aucun côté. On leur portera là des herbes, comme feuilles de salade, de raves, de chicorée, du son bouilli, de l'orge, du maïs, etc. Il est entendu qu'on doit avoir pratiqué dans cette espèce de parc un toit ou hangar, pour les mettre à l'abri des injures du temps, et dans le fort de la chaleur, de l'ardeur du soleil. Cinquante mères oies et cent canes doivent donner en plumes, duvet, œufs et petits, au moins six cents francs de bénéfice net : ci. . . . . 600 fr.

A l'égard des pigeons, quand on a un beau colombier, c'est l'objet le plus productif d'une ferme. Je n'entrerai dans aucun détail sur la manière de soigner et nourrir les pigeons, tout le monde sait cela. J'observerai seulement qu'il est plus profitable d'élever de gros pigeons mondains, que des fuyards, malgré qu'il faille donner à manger toute l'année aux premiers, tandis que les derniers s'en procurent eux-mêmes au moins huit mois de l'année. J'ai deux raisons victorieuses pour préférer les mondains : c'est premièrement parce qu'ils sont plus féconds que les fuyards ; qu'ils donnent six ou huit couvées contre ces derniers trois au plus.

secondement, qu'étant d'un corsage du double plus gros, ils se vendent aussi beaucoup plus cher. Cette différence dédommage bien de la dépense qu'on fait de plus pour les nourrir.

Faisons deux calculs parallèles des dépenses et des profits des deux espèces, sur cent couples de pigeons.

Cent couples de pigeons bisets ou fuyards donneront six cents petits en trois couvées. Étant vendus en pigeonneaux, à raison de cinq sous pièce, ils ne feront que 150 fr.; il en coûtera, pour les nourrir l'hiver, au moins cinquante boisseaux de vesce à 30 sous le boisseau; dépense 75 fr., produit 150 fr., bénéfice net 75 fr.

Cent couples de gros pigeons mondains me donneront en cinq couvées mille pigeonneaux, lesquels, vendus à 12 sous pièce, feront 600 fr.; ils coûteront cent cinquante boisseaux de vesce à 30 sous le boisseau: dépense 225 fr., produit, 600 fr. bénéfice net, 375 fr. Un beau colombier peut contenir cinq cents couples de pigeons; on pourrait donc compter au moins sur un colombier de cette espèce, 1500 fr. de bénéfice net, ci......... 1500 fr.

Récapitulons les profits supposés établis comme ci-dessus :

Sur les poules, pour les œufs et poulets..............	600 fr.
Sur les dindons.........	900
Sur les oies et canards..	600
Sur les pigeons........	1500
Total.....	3600

En voilà assez de dit sur cet article ; si quelquefois j'ai passé les bornes que je m'étais prescrites dans ce dialogue, c'est que j'ai cru utiles les explications un peu longues que je vous ai données.

D. — Vos détails sont trop intéressants pour paraître longs à quiconque veut s'instruire d'objets si essentiels. Je vous prierai encore de me dire quelque chose sur la manière de gouverner les abeilles, cela terminera mon éducation agronomique.

VIIIe. LEÇON.

Des Abeilles.

R. — Oui, cette branche de l'économie rustique est d'autant plus précieuse, qu'elle est à la portée du plus pauvre comme du plus riche : il ne faut avoir à soi ni terres ni prairies; les abeilles sont des ouvrières qui vont recueillir des trésors répandus sur les propriétés d'autrui sans y porter dommage. Par elles la nature entière vous appartient !... Si elles sont si intéressantes, quel soin ne devons-nous pas en avoir ! et qu'ils sont coupables ceux qui les font périr pour s'emparer de leurs richesses !.....

Et qu'il est étonnant que cette branche précieuse de l'économie rurale soit si négligée ! Avec des soins cependant, rien que des soins, point de dépense, point de travail, on obtient d'abondantes récoltes. Ces soins consistent : 1°. à placer les *ru-*

ches dans un endroit bien abrité des vents du nord et du couchant ; 2°. à leur donner des ruches commodes ; 3°. à les placer sur une espèce de petite table ronde, exhaussée de terre par un seul pied, autour duquel il faut avoir soin de mettre une corde de crin, pour garantir la ruche des insectes, des limaçons, etc., qui les incommodent beaucoup ; 4°. à faire la guerre aux souris et mulots, en plaçant au pied de chaque ruche des piéges, et les garder du froid l'hiver ; 5°. à veiller aux essaims, quand c'est la saison ; 6°. à ne pas les tailler comme on fait ordinairement pour avoir leurs rayons : cette opération meurtrière en détruit beaucoup. Je vous conseille de faire comme moi : je fais passer mes abeilles dans une ruche vide, sans, pour ainsi dire, les y contraindre ; de sorte que, sans les tourmenter, je m'empare de tout ce qu'elles possèdent. Mais il ne faut faire cette opération qu'au mois d'avril jusqu'au mois d'août, alors il faut leur laisser amasser des provisions pour l'hiver. Le transvasement se fait de cette manière : on a un plateau de bois mince, percé de plusieurs petits trous ; on l'adapte juste à l'ouverture de la ruche vide, frottée en dedans avec du miel et des herbes odoriférantes ; on place cette ruche, l'ouverture en haut, bouchée par le plateau percé, et on y place une ruche pleine ; on bouche bien la jonction avec du linge imbibé de vin et de miel ; alors on renverse le tout, sens dessus dessous, de manière que la ruche pleine se trouve à présent dessous, le bas en haut, et la vide qui la couvre se trouve dans sa position naturelle. Les mouches ont bientôt passé par les trous du plateau pour aller s'établir dans la ruche du haut ; mais cependant s'il y avait du couvain dans l'ancienne, elles ne l'abandonneraient pas, et elles attendraient qu'il fût éclos pour déserter l'ancien domicile : cela demande quelquefois quinze jours. D'ailleurs, vous reconnaissez facilement qu'elles ont changé de ruche, en frappant sur celle d'en haut, le soir après le soleil couché ; si vous entendez dedans un bourdonnement, c'est un signe certain qu'elles ont déménagé. Alors vous pouvez mettre cette ruche en place, en la soulevant avec précaution, et emporter l'ancienne à la maison, pour prendre tout ce qui sera dedans.

D.—J'aurais desiré que vous fussiez entré dans de plus grands détails sur cette partie précieuse de l'économie rurale.

R.—Je l'aurais également desiré; mais le but principal, que nous nous sommes proposé était de faire une très courte instruction sur chaque article; cependant, puisque vous le desirez, je vais étendre un peu davantage cette leçon.

D.—Vous avez parlé plus haut de couvains, d'essaims, etc., je vous prie de me donner quelque instruction sur tout cela. Qu'appelez-vous couvain?

R.—Le couvain est l'oeuf qui a été déposé dans la petite cellule qu'on nomme alvéole. Cet œuf devient d'abord un petit vers long qui n'a point de pattes; il reste couvert pendant quinze jours, ensuite il se change en nymphe d'une grande blancheur. Quinze jours après cette métamorphose, il devient mouche, et perce la pellicule qui bouche l'alvéole, d'où il sort parfaitement formé et tout aussi gras que les autres abeilles. Dans les temps froids, le couvain est plus long-temps à éclore. C'est par ce moyen de génération qu'une bonne ruche donne jusqu'à deux ou trois essaims, composés chacun de 8 à 10,000 mouches.

D. — Qu'est-ce qu'un essaim ?

R. — On appelle essaim les jeunes abeilles de l'année qui sont écloses du couvain ; lorsqu'elles quittent leur mère-patrie pour aller s'établir ailleurs et former une nouvelle colonie, leur jeune reine est toujours à leur tête ; elles la suivent partout où elle va, et lorsqu'elle se pose quelque part, elles s'y arrêtent toutes et forment un gros peloton de mouches, qui a souvent la forme d'un pain de sucre renversé. On doit veiller (comme je l'ai dit), les ruches, quand c'est la saison des essaims (1), dans la crainte d'en perdre. Quand on s'aperçoit qu'un essaim sort d'une ruche, ce qui est très-facile à distinguer par la multitude de mouches qui s'empressent d'en sortir, on les invite à se poser sur les arbres voisins, en les étourdissant avec le bruit des poëlons sur lesquels on frappe avec une clé ou autre morceau de fer. Si elles ne sont pas sensibles à ce bruit, on jette en l'air de la terre sèche, ou mieux encore de l'eau avec des branches d'arbres qui servent alors de goupillon : comme elles craignent l'eau, elles s'arrêtent de suite ; alors il faut avoir une ruche vide, bien nette, frottée en dedans avec un peu de miel et des plantes qu'elles aiment, comme des tiges de fèves ; mettre cette ruche, l'ouverture en haut, au-dessous de l'essaim, et secouer la branche sur laquelle il s'est attaché : toutes les mouches tombent dans cette ruche,

---

(1) Les mouches essaiment depuis la fin d'avril jusqu'à la Saint-Jean.

alors il faut la renverser avec précaution, et la poser sur deux petits morceaux de bois qui sont placés par terre pour exhausser la ruche, et faciliter la libre entrée aux mouches. Elles se sont bientôt rangées dans cette nouvelle demeure, et le soir, après le soleil couché, on porte le jeune essaim en place, mais le plus loin possible de sa mère-ruche.

Il arrive quelquefois que deux essaims sortent en même temps de deux ruches différentes; il est bien rare, quand cela arrive, qu'ils ne se mêlent ensemble et n'en fassent qu'un seul. Comme il est reconnu que de deux essaims ainsi réunis, il y en a toujours un de détruit par l'autre, je conseillerais, pour ne pas perdre un essaim, d'avoir pour ces sortes de cas des ruches faites exprès. Voilà, je crois, comme il faudrait que ces ruches fussent faites. Imaginez-vous deux moitiés de ruche pouvant s'adapter et se réunir parfaitement, non pas horizontalement, mais de haut en bas. Les deux côtés qui se réunissent au centre seraient fermés tous les deux par chacun une planche mince de sapin, percée de plusieurs petits trous vis-à-vis les uns des autres, pour que les abeilles mêlées puissent se séparer et former ainsi deux établissements. Quand l'ordre est établi, on procède à la séparation, qui se fait ainsi : comme des deux moitiés de ruche, pour en former une seule, il n'a fallu que les réunir et les lier fortement ensemble avec une corde; pour les séparer, il ne faut que délier la corde, alors vos deux essaims se trouvent naturellement séparés. Il faut alors fixer une planche pleine entre celles qui sont percées, pour boucher toute communication entre les deux essaims. Il est bon d'observer qu'une ruche de cette façon doit être deux fois grande comme une ordinaire, afin qu'étant séparée en deux, chaque moitié puisse loger convenablement un essaim pour le travail.

D. — La forme et la façon des ruches ordinaires sont-elles indifférentes?

R. — En général les meilleures ruches sont celles qu'on fabrique en paille, et qui ont la forme d'un œuf coupé en deux par le gros bout. On les rend encore plus chaudes en les enduisant avec de la bouse de vache mêlée avec de l'argile. Il y a une infinité de sortes de ruches nouvelles en paille, en osier, des boites en bois qui sont à plusieurs séparations : on place une de ces boites par en bas, quand on en a ôté une par le haut, pour récolter le miel qu'elle contient ; mais, suivant moi, ces sortes de ruches offrent beaucoup d'inconvénients ; le premier, c'est qu'en coupant avec un fil de laiton les copeaux qui contiennent le miel, pour enlever la boite du haut, on ne peut faire cette opération sans briser des alvéoles pleines de miel qui restent dans la ruche ; le miel coule bientôt sur le corps des abeilles et les englutine : toute abeille englutinée meurt. Le second inconvénient est, suivant moi, que cette méthode n'étant point d'accord avec l'ordre du travail de ces petits animaux, il en résulte que le miel ôté par en haut sans laisser la place vide, n'avertit pas les ouvriers de le remplacer. On sait que les rayons du fond de la ruche sont disposés pour y placer le miel, qu'ensuite viennent les rayons pour le couvain, autour et au bas desquels sont les rayons pour loger les mouches travailleuses; comment peut-on concevoir qu'en exhaussant par le moyen d'une boite placée par le bas pour remplacer celle qu'on a ôtée par le haut pleine de miel; comment concevoir, dis-je, que les abeilles iront déranger l'ordre établi dans leur arrangement naturel? il faudrait qu'elles missent le miel dans les rayons occupés par le couvain; le couvain par conséquent dans les rayons qui leur servaient de cellules, etc. Vous sentez que cela ne peut pas s'arranger ainsi; elles sont exactes à leurs devoirs, elles connaissent mieux que vous ce qu'elles doivent faire.

Il me semble qu'il est plus naturel de faire ce que l'ordre du travail des mouches vous indique, c'est tout naturellement de substituer un chapiteau vide à celui que vous avez ôté. En circulant dans la ruche, les abeilles s'apercevront du larcin que vous leur aurez fait ; elles s'empresseront de travailler pour réparer cette perte : en conséquence, je recommande les ruches à chapiteaux mobiles. Elles doivent être faites en paille, parce qu'il est reconnu qu'elles sont les meilleures ; elles sont composées de deux pièces ; le corps de la ruche et le chapiteau, qui doit être le tiers de la grandeur totale de la ruche. On peut avoir d'ailleurs des chapiteaux de différentes grandeurs, afin de proportionner l'extension du travail avec la force et la quantité des mouches, l'abondance de l'année et l'époque de la taille. Il est très convenable que le haut du corps de la ruche, joignant le chapiteau, ne soit pas ouvert dans tout son diamètre, mais seulement par une ouverture très resserrée ; on doit en sentir les raisons, c'est que lorsqu'on fait la taille, la séparation des rayons est moins sensible, et l'écoulement du miel, provenant des rayons rompus, moins considérable. Une autre raison, c'est que cet étranglement offre aussi davantage de points de suspension aux rayons du corps de la ruche, quoiqu'il soit nécessaire malgré cela de mettre deux bâtons en croix vers le milieu, et horizontalement.

Cette explication doit suffire, je crois, pour donner l'idée à un homme tant soit peu intelligent de la manière de fabriquer ou faire fabriquer ces sortes de ruches. J'oubliais de dire qu'il est très important de laisser par le haut du chapiteau un petit trou qu'on bouche avec un morceau de bois; ce trou sert à donner de l'air à la ruche, lorsqu'elle en a besoin, et aussi pour y introduire de la nourriture lorsqu'elle en manque.

D.—Quelle nourriture lui donnez-vous, et comment ?

R. — C'est un sirop qui se compose ainsi :

Dans la proportion d'une livre de miel ou de mélasse, on met un litre de cidre doux ou de poiré, ou de moût de vin, on fait bouillir doucement ce mélange jusqu'à consistance de sirop bien épais ; on a soin de l'écumer ; on le met à la cave, dans des vaisseaux bien bouchés : il se conserve ainsi fort doux.

Voici comment on l'emploie :

Lorsqu'on s'aperçoit que les abeilles ont besoin de nourriture, on emplit une demi bouteille de ce sirop ; on étend sur le goulot une grosse toile neuve qu'on lie avec un fil : on place cette demi-bouteille, le goulot en bas, dans le trou qui est sur le haut du chapiteau ; le sirop suinte lentement : les abeilles le sentent aussitôt ; elles y passent successivement et avec ordre. Quand on voit que la bouteille est vide, on la remplit.

Le transvasement que j'ai indiqué au commencement de cette leçon, doit toujours se faire quand on craint que les rayons qui sont dans la partie inférieure de la ruche souffrent de quelque vice. Il est sage même de faire subir cette opération à toutes les ruches qui ont atteint l'âge de trois ans, même aux plus saines, par la raison qu'il faut toujours rajeunir les rayons et prévenir leur altération.

D. — Quel est à-peu-près le produit des abeilles ?

R. — Il est considérable quand on observe exactement tous les soins que j'indique, parceque vous n'en perdez presque pas. Je vais établir un calcul sur cent ruches.

Cent ruches vous coûteront, à 20 francs la pièce.....................2000 fr.

Voyons le revenu que vous rapportera ce capital :

Cent ruches feront au moins cent essaims, mais il peut s'en perdre, en mourir l'hiver ; mettons à soixante le nombre des essaims venus à bien : mettons-en le prix à 10 fr., ci.............. 600 fr.

Pour le miel, comme une bonne ruche peut rapporter dix à douze livres de miel, que les plus faibles n'en donnent que deux livres, ce sera, en prenant le terme moyen, six livres par chaque ruche, ce qui fait

600

D'autre part.............. 600 fr.
pour les cent ruches, six cents livres de miel. Le prix moyen est depuis 40 jusqu'à 80 fr. le cent : c'est donc pour le terme moyen 60 fr. le cent. Total... 360

Une livre et demie de cire à 30 s., c'est pour les 100 ruches.. 225

Total......1185 fr.

Le revenu serait donc de plus de cinquante pour cent.

Voilà tout ce que je vous dirai concernant les abeilles ; puissiez-vous, en suivant exactement mes instructions, obtenir, pour récompense de vos soins, d'abondantes récoltes de miel, d'essaims et de cire !

IXe. LEÇON.

Des Prairies artificielles.

D. — Vous m'avez promis de me dire quelque chose des prairies artificielles, je réclame votre promesse sur cet intéressant article.

R. — Avec bien du plaisir, d'autant mieux que notre petit dialogue ne pouvait pas se terminer par une plus intéressante instruction. Les prairies artificielles sont d'un si excellent usage pour l'amélioration des terres, que j'en conseillerais encore la culture dans les pays où les prairies naturelles fournissent suffisamment à la nourriture des bestiaux. Jugez de quelle importance elles doivent être dans ceux qui en manquent absolument; car si la fertilité dépend des amendements, il est donc essentiel de se les procurer; et la seule voie pour y parvenir est, sans contredit, d'avoir des bestiaux ; or, les prairies artificielles offrent à tous les cultivateurs les moyens de nourrir de nombreux troupeaux.

Il y a une infinité de plantes qui peuvent être cultivées en prairies artificielles; mais comme je ne parle que d'après l'exercice d'une pratique peut-être un peu resserrée, mais sûre, je ne vous entretiendrai que des plantes que j'ai cultivées avec succès: c'est la luzerne, le trèfle et le sainfoin, nommé dans quelques pays éparcet, et dans d'autres, bourgogne. Ces trois plantes me semblent mériter la préférence sur les autres, sous le rapport de l'abondance et de la qualité, et sous celui de leur facile culture. On trouve partout des terres qui conviennent à l'une ou l'autre espèce; il suffit de savoir appliquer celle qui réussira suivant la nature du terrain.

La luzerne, par exemple, demande un bon fonds qui ne soit pas mouilleux. Le sainfoin ne réussira pas dans une terre forte et argileuse; il lui faut des terres légères en pente, des coteaux, même arides, des terres à seigle en plaines, pourvu qu'elles ne soient ni humides, ni trop froides; il donnera de plus grands produits dans de bonnes terres, mais toujours légères. Pour le trèfle, il lui faut des terres fortes et grasses, quoiqu'il vienne très beau dans des terres légères ou sablonneuses, pourvu qu'elles soient un peu humides.

D.—Quel est le temps pour semer?

R.—Le temps pour semer ces trois

plantes est toujours au mois de mars; du moins c'est mon avis: quelques personnes sèment au mois d'août. Je ne sais pas si cette méthode est bonne ou mauvaise, cependant je ne la conseille pas, parce que cette saison n'est pas assez humide pour faciliter la végétation de ces jeunes plantes.

J'ai semé toujours mes prairies artificielles par un temps humide et doux; après avoir semé et hersé de l'orge ou de l'avoine, mon terrain se trouvant uni, et ces graines ne demandant pas à être beaucoup enterrées, je faisais seulement passer une herse garnie de plusieurs branches d'épine, ensuite on passe le rouleau.

On fera toujours précéder ces sortes d'ensemencements de deux bons labours, un avant l'hiver, et l'autre un peu avant de semer. Si l'on a des fumiers en abondance, on fera bien d'en conduire dans la pièce, et de le répandre avant le dernier labour; l'abondance des menus grains, et, par la suite, la beauté de votre prairie artificielle, vous paieront au centuple cette dépense.

La quantité de semence qu'il faut mettre dans terre, doit être, pour la luzerne, d'un boisseau ou 18 à 20 livres par arpent de cent perches (la perche de 22 pieds); pour le sainfoin, quinze décalitres ou un sétier; et pour le trèfle de quinze à vingt livres. Cette dernière graine doit être graissée d'huile, et ensuite mêlée avec de la cendre ou du plâtre en poudre. J'ai déjà dit, en parlant des engrais, que le plâtre était d'un usage merveilleux, semé comme engrais sur les prairies artificielles. Je le recommande surtout sur le trèfle, dans des terres grasses et fortes; on en mettra environ dix boisseaux sur un arpent : on fait cette opération au mois de mars, dès la seconde année que le trèfle est semé, et la première de sa récolte; on le sème comme on ferait du blé.

Le trèfle ne dure que deux ans; c'est sacrifier du terrain mal à propos que de s'entêter à le garder plus long-temps : c'est pourquoi je conseille le trèfle (dans les terres qui lui sont propres), pour remplacer l'année de jachère, dans les pays où c'est une condition expresse de diviser les terres d'une ferme en trois soles. Alors, au lieu de deux ans, ne laissez le trèfle qu'un an, comme je l'ai déjà dit en vous parlant des assolements.

Le trèfle engraisse le bétail, donne du lait aux mères en quantité et en qualité. En général, les trois prairies dont je viens de parler ont cela de commun, qu'elles n'épuisent point les sels de la terre, au contraire, elles les conservent. Tout le monde sait que les récoltes en grains sont toujours plus abondantes lorsqu'on les fait succéder aux prairies artificielles. Cette vérité bien reconnue, jointe aux avantages sans nombre qui résultent de cette culture, tout cultivateur raisonnable serait donc bien coupable de la négliger.

Comme les meilleures choses ne sont pas sans inconvénients, les fourrages artificiels, donnés en vert aux bestiaux, leur seraient très préjudiciables, si on ne les leur donnait avec discernement, car ils en sont si gourmands, qu'ils en mangeraient jusqu'à se faire mourir, si on leur en donnait à discrétion. Suivez à cet égard ma méthode, que j'ai expliquée en parlant des vaches laitières. (Voyez cet article.)

Je ne saurais mieux finir cet article, et en même temps ce petit livre, qu'en vous présentant un Tableau comparatif de deux fermes (*voyez* ci-après, pag. 100.); l'une, administrée suivant la routine d'un cultivateur obstiné à suivre l'ancien usage, et l'autre, régie d'après les principes d'amélioration contenus dans ce petit ouvrage.

J'observerai que je ne me laisse point aller à l'esprit de système; j'engage tous ceux qui veulent cultiver à en faire autant, parce que rien n'est aussi funeste, en agriculture, qu'un système qui n'est pas fondé sur la pratique : sans elle, la théorie est presque toujours abusive. Prenez pour principe que la pratique éclairée, l'expérience enfin, méritent seules la confiance et obtiennent les succès.

Abandonnez donc votre coupable routine, cultivateurs aveugles et obstinés ; si vous ne suivez les sages conseils qu'on ne cesse de vous donner, écoutez-les au moins ; et si vous n'avez pas assez de confiance pour vouloir en profiter, au moins rendez-vous à l'invitation que je vous fais d'essayer en petit toutes les méthodes que j'indique dans cet ouvrage. Je suis persuadé que vous verrez s'opérer chez vous et dans vos champs un grand changement. Qu'y voit-on aujourd'hui ? Ni beaux troupeaux, ni récoltes abondantes. Votre basse-cour peu nombreuse est mal soignée ; vous en abandonnez les profits à vos femmes, pour les entretenir de fichus et de coëffures. Quelques vaches se traînent avec peine au chétif pâturage qui leur est destiné ; elles y trouveraient peut-être quelque nourriture, si les ronces et les épines leur permettaient de mettre le nez à terre. Nulle industrie de votre part ; aucune amélioration dans la culture de vos terres. Vous donnez, pour raison de votre conduite, celle de vos pères, qui ont toujours fait comme cela ; mais cette raison est inconsidérée : si vos pères, en pratiquant de mauvais principes, ont toujours été pauvres, mal nourris et mal vêtus, pourquoi, en adoptant de sages méthodes, vous refuseriez-vous obstinément à devenir riches et heureux ? Je ne conçois pas cet entêtement. Si je vous prêchais des principes faux, des systèmes absurdes, pernicieux, vous auriez raison d'être sourds à ma voix ; mais je vous le demande à vous-mêmes, pouvez-vous désavouer que bien labourer, bien fumer, et donner à chaque qualité de terrain une culture appropriée, ne soit pas la seule voie pour arriver à la perfection de l'agriculture ? Non. Hé bien, mon petit livre est tout dans ces trois grands principes. Lisez-le avec attention, pénétrez-vous bien de ce qu'il enseigne et pratiquez suivant ses principes, vous aurez trouvé le trésor qui doit vous enrichir.

TABLEAU COMPARATIF

De deux Fermes, contenant chacune cent cinquante arpents de terre de même qualité cultivées différemment, c'est-à-dire, l'une suivant l'ancien usage du régime des jachères, et l'autre suivant les principes d'amélioration contenus dans ce petit livre.

JACHÈRES OBSERVÉES.

DÉPENSES.

ASSOLEMENT.

Trois soles ainsi divisées.

50 arpents en blé;
50 arpents en grains de mars;
50 arpents en labours ou jachères.

FRAIS D'EXPLOITATION.

Fermages et impositions	1,800 fr.
Nourriture pour dix personnes, à dix sous par jour chaque	1,825
Paiement des gages d'un laboureur, d'un calvenier, de deux servantes, d'un vacher, d'une bergère, en tout six personnes, à 100 fr. par an chaque	600
Nourriture des chevaux et autres bestiaux..	1,500
Frais de moisson et batteurs en grange. . .	600
Pour le charron, maréchal, bourrelier, cordier, etc.	600
Semence pour cinquante arpents de blé....	1,000
Semence pour cinquante arpents de menus grains	500
Faux frais	300
Dépense totale	8,725 fr.

JACHÈRES SUPPRIMÉES.

DÉPENSES.

ASSOLEMENT.

Quatre soles ainsi divisées.

37 arpents en blé;
38 arpents en prairies artificielles;
37 arpents en menus grains ou mars;
38 arpents en légumineuses.

FRAIS D'EXPLOITATION.

Fermages et impositions comme ci-contre.	1,800 fr.
Nourriture de quinze personnes au lieu de dix	2,433
Le paiement des domestiques et ouvriers est porté à 1200 fr. au lieu de 600, ci	1200
La nourriture des chevaux et autres bestiaux n'est point portée au compte de dépense, parce que je n'en compte pas les profits, et dans les produits j'évalue les fourrages en conséquence..	»
Frais de moisson, etc. Comme ces frais sont plus considérables à cause de la récolte de 50 arpents de plus en culture, je les porte à	1000
Pour le charron, maréchal, etc.	600
Semence de 37 arpents, en blé	600
Semence de 37 arpents, en mars	300
Semence des prairies et des légumes . . .	600
Dépense totale	8533 fr.

J'observe que ce compte n'est qu'approximatif; que le plus ou le moins de dépense ne fait rien à ce Tableau : il est seulement essentiel que les prix soient égaux pour l'un comme pour l'autre.

JACHÈRES OBSERVÉES.

PRODUITS.

ASSOLEMENT.

Trois soles.

50 arpents en blé, produisant au grain six, feront trois cents setiers, lesquels vendus 20 fr. le setier, feront la somme de . . . . 6,000 fr.

50 arpents en menus, au même produit de 300 setiers, feront, à 10 francs le setier, la somme de 3,000

50 arpents en jachères ou labours, produisent »

J'estime le profit des bestiaux à très peu de chose; cependant il y a quelques mauvaises vaches dans cette ferme, quelques brebis; évaluons cela à 500 fr. net : c'est élever un peu haut les choses, dira-t-on? Je le sais; mais imaginez-vous un fermier qui saura tirer le meilleur parti possible d'une mauvaise administration; je porte donc le profit des bestiaux à la somme de 500

Total général des produits de cette ferme . . 9,500 fr.
Dépense 8,725

Reste net au fermier . . . . 775 fr.

JACHÈRES SUPPRIMÉES.

PRODUITS.

ASSOLEMENT.

Quatre soles.

37 arpents en blé me produiront au grain 8 au lieu de 6, porté ci-contre, parce que, donnant une meilleure culture à ma terre, et lui fournissant davantage d'engrais, elle doit être plus fertile, 296 setiers à 20 fr., font . . . . . . 5,920 fr.

38 arpents en prairies artificielles me produiront au moins dans toutes les coupes, l'une dans l'autre, 400 bottes de dix livres par arpent; je l'estime 4 sous la botte; c'est 20 sous le cent, et 80 fr. pour un arpent; pour les 38 arpents, c'est. 3,040

37 arpents en mars, même produit du blé ci-haut, 296 setiers à 10 francs, c'est 2,960

38 arpents en légumineuses, supposons des pommes de terre, chaque arpent produit communément de 75 à 100 setiers; ne comptons que 50 setiers l'arpent; n'en mettons le prix qu'à 2 fr. le setier, ce qui ne fait pas 3 sous 6 deniers le boisseau, chaque arpent vous produira 100 fr., et les 38 arpents 3,800

Je ne compte pas le profit des bestiaux, il se trouve compris dans le prix que j'ai donné à mes fourrages et légumes; mais ce que je compterai, c'est le profit de la basse-cour; parce que dans mon instruction j'ai démontré qu'on pouvait, avec de l'industrie et des soins, en faire une bonne spéculation; je porterai donc cet article, en y comprenant avec la volaille, les pigeons, etc., les cochons et les abeilles, à la somme de 3,000

Total des produits . . . . 18,720 fr.
Dépense 8,533

Reste net au fermier . . . . 10,187 fr.

PROCÉDÉS

ET DIVERSES RECETTES D'ÉCONOMIE,

SUIVIS DE

QUELQUES REMÈDES APPROUVÉS.

Procédé pour faire cuire une grande quantité de racines pour la nourriture des bestiaux, avec le moins de feu possible.

J'ai recommandé, dans mon instruction sur le gouvernement des vaches laitières, l'usage des racines cuites comme plus nourrissantes et plus saines. La pomme de terre, surtout, acquiert ces qualités par la cuisson. Comme dans une grande exploitation rurale, il serait difficile et surtout très coûteux de faire cuire journellement une quantité suffisante de racines pour distribuer à un grand nombre de toute sorte de bestiaux, par les procédés ordinaires, on en a imaginé un fort économique ; le voici.

Faites construire un fourneau en briques, au milieu duquel vous fixez une chaudière pouvant contenir deux seaux d'eau : sur la chaudière on met un tonneau défoncé par les deux bouts; celui du bas est garni d'une espèce de claie qui empêche les racines de tomber dans la chaudière; les joints du bas du tonneau avec le fourneau sont exactement fermés avec de la terre grasse, afin qu'il ne puisse s'échapper de la vapeur de l'eau bouillante. Emplissez le tonneau de pommes de terre, fermez le haut avec un couvercle joignant parfaitement; allumez le feu sous la chaudière, qui doit être, avant toute autre opération, aux trois quarts emplie d'eau. Lorsque l'eau bouillira, la vapeur en montant pénétrera et cuira en peu de temps les racines. J'affirme, d'après mon expérience, la bonté de ce procédé.

Pour faire une lessive économique.

Le même fourneau et le même tonneau que pour le procédé ci-dessus, vous serviront pour faire cette lessive. Au lieu de racines, c'est du linge que vous y mettez, après l'avoir laissé tremper pendant douze heures dans de l'eau lessivée. Cette eau se fait ainsi : Prenez autant d'eau qu'il en faut pour tremper parfaitement le linge que vous voulez blanchir ; faites dissoudre dans cette eau une quantité suffisante de bonnes cendres pour la rendre mordante. Quand vous aurez remué les cendres avec l'eau, à plusieurs reprises, pour qu'elle se charge bien de tous les sels contenus dans les cendres, laissez reposer et tirez au clair. C'est dans cette eau que vous ferez tremper le linge avant de le mettre dans le cuvier ou tonneau. Mais il est nécessaire de ménager trois ou quatre conduits ou cheminées du bas en haut, en rangeant le linge dans le tonneau ; ce qui se fait aisément en mettant trois ou quatre morceaux de bois, gros comme le bras, les bouts appuyés sur la claie, autour desquels on range le linge : quand le tonneau ou cuvier est plein, on retire alors les morceaux de bois qui laissent du bas en haut les cheminées desirées pour faciliter à la vapeur une libre ascension.

La chaudière étant aux trois quarts pleine de l'eau ci-dessus décrite, à laquelle il faut encore ajouter un peu de soude et potasse, le couvercle étant posé, tous les joints bien bouchés, etc., mettez le feu sous le fourneau, et quant l'eau de la chaudière bouillira, cette lessive n'a plus besoin de votre ministère; en la mettant le soir, on peut s'aller coucher; le lendemain matin la lessive est faite. Lavez et savonnez.

Manière de saler le beurre.

Il faut le laver, étant tout frais fait, dans de l'eau, jusqu'à ce qu'elle reste claire; ensuite prenez-en deux livres à la-fois, étendez-les sur une table bien propre avec un rouleau de bois, répandez dessus une quantité raisonnable de sel fin; pliez et repliez à trois ou quatre différentes fois, jusqu'à ce que le sel soit bien mêlé avec le beurre : alors mettez dans des pots de grès bien propres; pressez avec les mains afin qu'il n'y ait pas de vide; mettez dessus une légère couche de sel, et fermez vos pots avec des feuilles de parchemin; mettez-les en lieu frais.

Pour faire des fromages économiques avec des pommes de terre.

Faites bouillir une quantité suffisante de pommes de terre, ou faites les cuire à la vapeur de l'eau; après les avoir pelées et pétries en pâte très fine, ajoutez-y partie égale de caillé de lait doux non écrêmé; mêlez bien ensemble, assaisonnez de sel et poivre, laissez reposer, et douze heures après, formez des fromages dans de petits moules : ils sont excellents et se gardent assez bien.

Pour détruire les chenilles.

Faites tiédir une chaudronnée d'eau d'environ deux seaux, faites-y fondre deux livres de savon noir, tournez fortement pour bien mêler le savon, arrosez avec cette eau, par l'effet d'un petit balai de genêt en forme de goupillon, toutes les plantes et les arbres où l'on verra le plus de ces insectes, ils mourront presque aussitôt.

Mastic pour recoller la faïence cassée.

Faites calciner des écailles d'huîtres, réduisez-les en poudre très fine; elles doivent êtres broyées sur le marbre ou passées au tamis de soie: prenez du blanc d'œuf, ce qu'il en faut pour faire avec cette poudre une colle dont vous oindrez les deux pièces cassées à l'endroit où elles doivent se rejoindre; étant appliquées, tenez-les serrées en cet état un demi-quart d'heure, c'est tout ce qu'il faut pour sécher parfaitement ce lut, qui ne se détruit ni au feu ni à l'eau: s'il faut réunir plusieurs morceaux, on ne le peut que l'un après l'autre. On peut substituer de la chaux en poudre à l'écaille d'huître calcinée, pour raccommoder la porcelaine.

Manière de faire de la glu pour prendre les oiseaux.

Elle se fait ainsi : Dans le temps de la sève du houx, levez la première écorce ou pellicule brune que vous jetez ; pelez ensuite le reste de l'écorce jusqu'au bois ; pilez en pâte cette écorce et laissez-la pourrir dans des pots : quand vous la jugerez faite, vous vous graisserez les mains d'huile, et vous pétrirez cette pâte dans l'eau jusqu'à ce qu'elle reste claire. Alors on la met dans un pot, et on met dessus de l'eau claire qu'on a soin de renouveler de temps en temps.

Manière de confire les herbes pour garder pour l'hiver.

Ces herbes sont l'oseille, la poirée, la laitue, le pourpier ; mais c'est toujours l'oseille qui est la dominante.

Au mois de septembre ou octobre, cueillez de ces plantes, épluchez et lavez-les bien, laissez-les égoutter parfaitement. Faites d'abord bouillir l'oseille dans un peu d'eau jusqu'à ce qu'elle paraisse bien cuite; retirez du feu ; faites-en autant des autres herbes dans la même eau : quand elles sont presque cuites, retirez-les, égouttez comme l'oseille, mêlez ensemble et remettez dans le chaudron, après avoir jeté l'eau de la cuisson ; mettez-y du beurre et du sel en quantité suffisante ; faites-les bouillir ensemble pour qu'elles prennent l'assaisonnement. Ayez soin de bien remuer pour qu'elles ne s'attachent au fond et ne brûlent : ôtez-les du feu, mettez-les dans des pots de grès ; lorqu'elles sont froides, jetez-y par-dessus un bon doigt de beurre fondu, couvrez bien vos pots et mettez-les en lieu sec et frais. Par ce moyen, on peut manger des herbes dans toute leur bonté fort avant dans l'hiver, ou plutôt jusqu'aux nouvelles.

Manière d'élever des lapins.

Il faut autant de petites loges que vous

avez de mères. Quand une femelle est restée douze heures avec le mâle (qui doit être dans un lieu renfermé et séparé des lapines), elle doit être pleine ; alors vous la mettez dans sa loge, seule. Donnez-lui à manger des herbes, du son, de l'avoine ; donnez-lui de la paille fraîche, surtout à l'approche où elle doit mettre bas. Elle porte un mois. Laissez les petits avec la mère pendant un mois ou six semaines. Vous redonnez la femelle au mâle trois semaines après qu'elle a fait ses petits. Il faut avoir soin de ne pas donner d'herbe mouillée aux lapins, cela les fait mourir. Ils sont bons à manger à trois mois.

Procédé pour purifier les miels jaunes, et les rendre propres à faire des confitures, à sucrer le lait, le thé, les crêmes, et diverses infusions, tisannes, etc.

Prenez douze kilogrammes (vingt-quatre livres) de miel ; eau pure, trois litres (pintes); craie ordinaire en poudre, trois cent soixante-six grammes (douze onces); braise de boulanger, éteinte, écrasée et passée dans un tamis de crin, cinq hectogrammes (une livre).

On fait fondre le miel avec l'eau dans un vaisseau pouvant contenir le double de ces deux substances. On fait bouillir légèrement; alors on ajoute la craie peu-à peu en agitant fortement le tout avec une poignée d'osiers liés ensemble. Après quatre minutes d'ébullition, on retire le vase du feu et on y mêle exactement le charbon: on fait bouillir de nouveau un instant, puis on ajoute pour clarifier quatre œufs, blanc et jaune, que l'on délaye dans un litre d'eau et un litre de bon lait; on remue vivement le mélange, et on fait bouillir encore à petit feu pendant huit à dix minutes, puis on retire du feu; on laisse refroidir aux trois quarts, et ensuite on verse le sirop dans une chausse de laine: le premier sirop qui coule est un peu coloré; il faut le remettre dans la chausse quand il coulera très clair. On obtient par ce procédé un sirop presque incolore, de bon goût et pouvant remplacer le sucre dans bien des circonstances. On le garde en bouteille, après l'avoir fait cuire en consistance de sirop ordinaire.

Pour ôter la rouille de dessus le fer.

Trempez un linge dans l'huile de tartre tirée par défaillance, et frottez-en le fer.

Pour détruire les taupes.

Prenez deux ou trois douzaines de noix sèches, bien saines, que vous ferez bouillir pendant trois heures dans un chaudron avec quatre pintes de lessive ordinaire; mettez une de ces noix, que vous ouvrirez en deux, dans chaque taupinière nouvellement faite. Ce moyen est excellent.

Il est bon d'observer que s'il y avait

beaucoup de rats, de souris et de mulots dans le champ où l'on ferait cette expérience, le succès ne serait peut-être pas suivant l'attente, parce que cette vermine mangerait les noix avant les taupes. Il serait bon, dans ce cas, de s'attacher à détruire les rats, souris, etc.

Pour préserver les étoffes de laine du ver qui se met dedans, qu'on nomme teigne.

Il faut, quand on veut conserver des habits de laine pendant l'été, les ployer avec soin, et entre chaque pièce mettre un petit morceau de camphre enveloppé dans du papier; faire un paquet bien enveloppé de tout ce qu'on veut préserver, et le mettre dans une malle ou autre coffre qui ferme bien. Jamais le verteigne ne s'y mettra; il faut en faire autant tous les étés des hardes que l'on ne porte que l'hiver. Il suffit d'une heure à l'air pour ôter aux habits l'odeur du camphre.

Chaulage des blés.

Il faut avoir soin de ramasser les urines des étables, prendre de la chaux vive qu'on met éteindre dans de l'eau commune ; on ajoute l'urine ou le jus de fumier, on mêle bien le tout ensemble, et l'on se sert de cette espèce de bouillie pour chauler les blés avant de les semer ; il faut faire cette opération deux jours avant de semer, pour que le blé puisse s'imprégner des sels du chaulage et se sécher.

Remède efficace contre les fleurs blanches, les pertes, les douleurs d'estomac, les maux de tête et les vapeurs de toute espèce.

Ce sont les bourgeons des sapins de Russie : ils sont remplis d'une résine balsamique qui opère le plus grand bien. On en prend une bonne pincée qu'on fait infuser dans de l'eau bouillante comme du thé. On en prend le matin à jeun une bonne tasse ; on continue cette boisson plus ou moins de temps, selon que les maladies sont invétérées : on est assuré d'être guéri. C'est M. de Saint-Sauveur, ci-devant envoyé de France à Petersbourg, qui donne la connaissance de ce remède.

Pour guérir les Dartres vives.

Prenez : Blanc de céruse, deux onces ;
Alun de roche, une once et et demie ;
Sublimé corrosif, 4 gros ;
Eau, deux livres.

On met toutes ces substances dans une bouteille plus grande du double qu'il ne faut; on agite le mélange pendant cinq à six minutes ; on débouche la bouteille de temps en temps, pour laisser dégager l'air, et la composition est faite.

Lorsqu'on veut se servir de ce remède, on agite la bouteille, afin de troubler la liqueur ; on en met dans un verre, pour en imbiber un linge, avec lequel on étuve et on frotte les dartres. Si cette eau faisait trop d'impression, on pourrait l'affaiblir avec de l'eau pure. Il faut laisser tomber les croûtes d'elles-mêmes. Il est toujours à propos de purifier le sang par des tisannes épuratives, comme la suivante, et de se purger pendant et après la cure.

Ce remède a été acheté par le cardinal de Luynes, qui, abandonné par des gens de l'art, fut guéri par son efficacité.

Tisanne de santé, du docteur Sainte-Catherine.

Prenez un demi-litre d'avoine de la meilleure, bien nette et bien lavée; une poignée de racines de chicorée sauvage, nouvellement arrachée, bien lavée et coupée par morceaux; mettez-les bouillir ensemble dans six pintes d'eau de rivière pendant trois quarts d'heure, à moyen bouillon; puis y ajoutez demi-once de cristal minéral, et quatre onces de bon miel: laissez bouillir le tout encore une demi-heure, passez alors la tisanne par un linge, et laissez refroidir.

On en prend, le matin à jeun, deux bons verres, demeurant après deux heures sans manger, et le soir, trois ou quatre heures après le dîner, encore deux verres, continuant ainsi pendant quinze jours.

Ce breuvage est fort doux en ses opérations; il purge doucement, fait uriner, cracher et moucher; il chasse enfin toute ordure, putréfaction et malignité interne jusqu'à la pierre nouvellement formée; il détruit les fièvres, les coliques et le mal de côté; il purifie le sang pour disposer à la guérison radicale des gales, dartres, clous, et autres maladies cutanées.

Remède contre les maux de gorge, esquinancie, aphtes, etc.

Prenez : Borax en poudre, deux gros;
Miel blanc, une once et demie.

L'on fait liquéfier ces deux substances dans un vase vernissé, près d'un feu doux, en remuant bien avec une spatule, jusqu'à ce qu'elles soient bien unies ensemble; alors on éloigne le vase du feu, et on y ajoute demi-once de sirop de mûres que l'on peut remplacer par d'autres sirops de fruits.

Faites prendre au malade une petite

cuillerée de cette espèce de look d'heure en heure.

Pour guérir promptement toutes meurtrissures, écorchures, contusions.

Prenez une poignée de lierre terrestre, deux verres de bon vin rouge, une demi-poignée de sel et de la mie de pain blanc bien émiettée; faites bouillir le tout ensemble jusqu'à la consistance d'un cataplasme que vous appliquerez bien chaud sur la partie malade.

Remède pour guérir le panaris ou mal d'aventure.

Aussitôt qu'on se croit menacé d'un panaris, il faut plonger le doigt malade dans de l'eau chaude à laquelle on ajoute de l'extrait de saturne et de l'eau-de-vie, une once de chaque sur deux pintes d'eau. Il faut frotter la partie malade assez fort avec la main, dans ce bain, pendant une heure, soir et matin, et couvrir ensuite le mal avec de la bouillie sans sel, faite avec du lait et de la farine de froment. On peut remplacer le bain ci-dessus par un bain de lessive chaude faite avec de la cendre de sarment.

Des crevasses au sein des nourrices.

Prenez de la racine de grande consoude, creusez cette racine fraîche en forme de dé à coudre et couvrez-en le bout du sein. Ensuite vous pilerez un morceau de la même racine et en ferez une espèce de cataplasme que vous appliquerez sur les crevasses. Il faut renouveler souvent la racine de grande consoude, étant sujette à s'aigrir et à sécher promptement.

Les rousseurs au visage.

On les fait disparaître en se frottant le visage soir et matin avec du jus d'argentine, jusqu'à ce qu'il n'y en ait plus.

Coqueluche des enfants.

Prenez huile d'amande douce, une once;
Sirop diacode, deux gros;
Sucre candi en poudre, une once;
mêlez bien dans une fiole.

On en fait prendre aux enfants de temps en temps un quart de cuillerée à café, ou plus selon l'âge. Il faut encore leur en faire sucer tout le jour, avec un petit bâton de réglisse verte, ratissé et fendu en plusieurs par le bout. — Pour les faire reposer la nuit, leur donner, avant de les coucher, depuis un jusqu'à deux gros de sirop de coquelicot; en augmentant les doses, ce remède est bon pour les grandes personnes.

Guérison de la gale des moutons, nouvellement découverte.

Ce procédé important consiste à placer le mouton galeux dans une espèce de chemise en toile cirée, de manière qu'il n'ait que la tête exposée à l'air libre. Ayez une espèce de caisse en bois, de la longueur du corps de l'animal; cette caisse, percée de plusieurs petits trous, sera mise sans dessus dessous pour servir de piédestal au mouton, et l'on peut encore y pratiquer une espèce de galerie, afin que le mouton ne puisse bouger d'un côté ni de l'autre. Tout étant bien disposé (la chemise doit envelopper non seulement le mouton, mais encore la caisse jusque près de terre), introduisez sous la caisse un réchaud avec du feu, pour y faire brûler du souffre. Ce souffre, volatilisé par la chaleur, se porte uniformément sur tout le corps de l'animal qui se trouve dans ce bain de vapeur; il pénètre tous les pores de la peau, et détruit la cause de la gale. Deux ou trois de ces fumigations sulfureuses suffisent pour guérir un mouton galeux. Il faut le laisser dans l'appareil une heure chaque fois.

Nota. En ayant une demi-douzaine de ces appareils, on peut traiter soixante-douze moutons par jour.

Morsure d'un serpent.

Appliquez sur la morsure de l'huile d'olive, frottez et bassinez souvent. Si c'est une vipère, on liera fortement au-dessus pour que le venin ne pénètre, et l'on brûlera de suite la plaie avec un fer rouge.

FIN.

www.ingramcontent.com/pod-product-compliance
Ingram Content Group UK Ltd.
Pitfield, Milton Keynes, MK11 3LW, UK
UKHW020155200726
13856UKWH00003B/1003

9 782013 594530